中学入試

新傾向
集中レッスン

算数 **図形** の問題

移動

展開図

切断

影

JN025007

文英堂

本書の特長

例題 で「新傾向問題」の解き方がしっかりわかる！

「例題」では，平面図形の移動，立体図形の展開図，切断，影などの「新傾向問題」の着眼点やアプローチの仕方をていねいに解説しています。

代表的な出題パターンの「例題」を掲載しています

新傾向問題の考え方，思考過程を確認できます

練習問題 で解き方が身につく！

「例題」の解き方にしたがって問題を解いていくことで，「新傾向問題」の解き方がしっかりと身につきます。

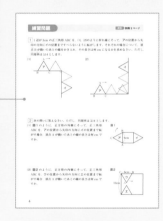

「例題」よりやや高度な新傾向問題を扱っています

別冊の解答集では，「例題」の解き方と同じようなくわしい解き方を載せています

入試問題にチャレンジ で実戦練習ができる！

実際の入試問題で「新傾向問題」にチャレンジします。「例題」と「練習問題」で学んだことをいかして取り組みましょう。

ここまでくれば，入試レベルの問題も自分の力で考えることができるようになっています

もくじ

1 正三角形の転がり移動

入試傾向　図形分野において，「図形の移動」は実際の入試で得点差のつきやすい単元といえます。移動していく様子をイメージする力はもちろんのこと，それぞれのテーマに応じた作図テクニックも必要となるからです。

近年では小問(1)に「作図しなさい」といった形式の設問が増えています。その中でも特に「正三角形の転がり移動」の問題が目立ちます。

例題

右の図のように，正三角形 ABC を，折れ線にそってアの位置から矢印の方向にイの位置まですべらないように転がしました。

(1) 正三角形 ABC がイの位置にきたとき，P の位置にくるのは，A，B，C のどの頂点ですか。

(2) 頂点 A が動いたあとの線をかき入れなさい。

(3) (2)でかいた線の長さは何 cm になるかを求めなさい。ただし，円周率は 3.14 とします。

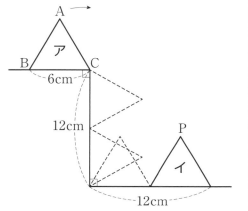

解き方と答え

(1) **転がって移動する正三角形の各頂点の位置を確認する**と，右の図のようになります。転がるごとに折れ線と重なっていく頂点（○で囲んだ頂点）は，

　　　A，B，C，A，B，C，A，B，…
　　　　　　　　　　<u>このあとも転がりが続く場合</u>

と「A，B，C」をくり返します。
P の位置にくる頂点は，**B** …答

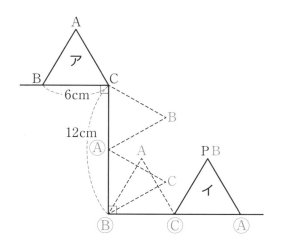

(2) 下のような手順で次々におうぎ形の弧をかいていきます。

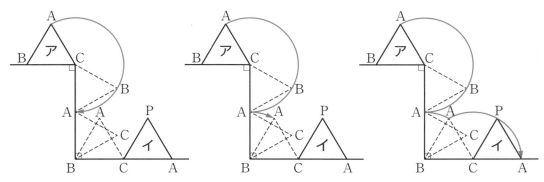

したがって，頂点 A が動いたあとは，右
の図の色の線のようになります。

(3) 半径はすべて 6cm で等しいので，**中心角の合計**を求めます。

右の図で

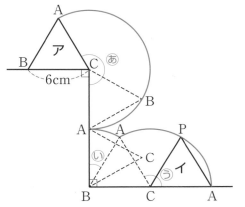

角あ ＝ 360° − (60° + 90°) ＝ 210°

角い ＝ 90° − 60° ＝ 30°

角う ＝ 180° − 60° ＝ 120°

よって，中心角の合計は

210° + 30° + 120° ＝ 360°

したがって，求める長さは半径 6cm の円周と等しくなりますから，

6 × 2 × 3.14 ＝ **37.68**（cm） …答

ポイント

① はじめに「転がるごとに頂点の位置が移動する様子」をかきこんでから，
動いたあとの線をかき入れよう！

② 動いたあとの線は，おうぎ形の弧になるので，転がる方の図形のどの頂
点を中心にして転がるのかを確
認しながら作図すること！

③ 正三角形の転がり移動では，
頂点が動いた線の上に，必ず正
三角形の頂点があることに注意
しよう！

ココを通る！

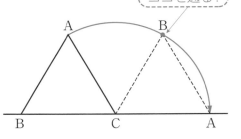

1 1辺が3cmの正三角形 ABC を，(1)，(2)のように折れ線にそって，アの位置から矢印の方向にイの位置まですべらないように転がします。それぞれの場合について，頂点 B が動いたあとの線をかき入れ，その長さは何 cm になるかを求めなさい。ただし，円周率は 3.14 とします。

(1) 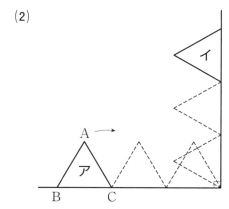　　　　　　　(2)

2 次の問いに答えなさい。ただし，円周率は 3.14 とします。

(1) 図1のように，正方形の外側にそって，正三角形 ABC を，アの位置から矢印の方向にイの位置まで転がす場合，頂点 A が動いたあとの線の長さは何 cm ですか。

図1

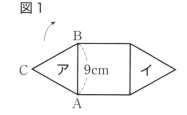

(2) 図2のように，正方形の内側にそって，正三角形 ABC を，ウの位置から矢印の方向にエの位置まで転がす場合，頂点 A が動いたあとの線の長さは何 cm ですか。

図2

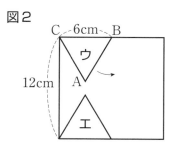

1 　1 辺 10 cm の正三角形 ABC が，1 辺 30 cm の正三角形の周りをすべることなく回転して 1 周しました。頂点 A の移動(いどう)について，次の問いに答えなさい。ただし，円周率は 3.14 とします。

（東京・普連土学園中）

(1) 頂点 A の移動の様子を次の図にかきこみなさい。

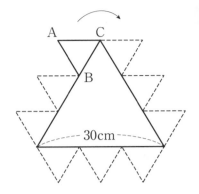

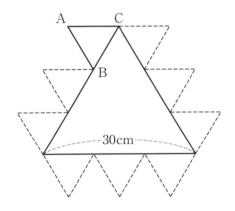

(2) 頂点 A が移動したきょりを求めなさい。

2 正方形の転がり移動

入試傾向

「正三角形の転がり移動」に次いで，最近頻出のテーマが「正方形の転がり移動」です。
正確に作図できるかどうかを問われるとともに，作図したあとの高度な求積テクニックも要求されます。半径がわからないおうぎ形の面積を求める問題は，入試では頻出，この機会にぜひマスターしておきましょう。

例題

下の図のように，対角線の長さが 10cm である正方形 ABCD が，直線 ℓ 上をすべることなくアの位置からイの位置まで転がりました。

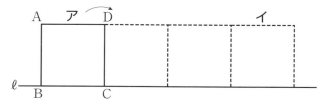

(1) 点 B が動いたあとの線をかき入れなさい。
(2) (1)でかいた線と直線 ℓ で囲まれた図形の面積は何 cm² ですか。ただし，円周率は 3.14 とします。

解き方と答え

(1) まず，**転がって移動する正方形の各頂点の位置を確認**すると下の図のようになります。このとき，**同じ頂点に2つの記号が重なる場合は，それぞれの正方形の内側に記号をかく**ようにします。

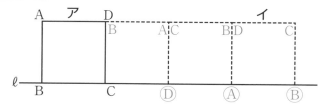

転がるごとに直線 ℓ と重なっていく頂点（○で囲んだ頂点）は，
D，A，B，C，D，A，B，C，…と「D，A，B，C」をくり返します。
このあとも転がりが続く場合

次に，頂点 B が動いたあとの線をかき入れると，下の図の色の実線になります。

(2) 上の図の㋐，㋑，㋒の四分円と直角二等辺三角形 2 つの面積の合計を求めます。

> おうぎ形㋐…中心が C，半径が □ cm の四分円
> おうぎ形㋑…中心が D，半径が 10 cm の四分円
> おうぎ形㋒…中心が A，半径が □ cm の四分円

㋐（㋒）の四分円の面積は，

$$\square \times \square \times 3.14 \times \frac{1}{4}$$
$$= 10 \times 10 \div 2 \times 3.14 \times \frac{1}{4}$$
$$= 12.5 \times 3.14$$

🔊 アドバイス
参照

🔊 アドバイス
半径がわからない円やおうぎ形の面積は「半径×半径」を考える。

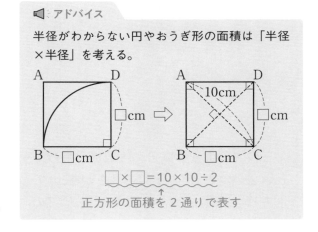

$$\square \times \square = 10 \times 10 \div 2$$
正方形の面積を 2 通りで表す

㋑の四分円の面積は，

$$10 \times 10 \times 3.14 \times \frac{1}{4} = 25 \times 3.14$$

直角二等辺三角形 2 つ分の面積は
正方形 ABCD の面積と等しいから，

$$(10 \times 10 \div 2 =) 50 \,\text{cm}^2$$

したがって，求める面積は

$$12.5 \times 3.14 \times 2 + 25 \times 3.14 + 50 = 50 \times 3.14 + 50 = \mathbf{207} \,(\text{cm}^2) \quad \cdots 答$$

ポイント

① はじめに「転がるごとに頂点の位置が移動する様子」をかきこむこと。
となり合う正方形では，記号が重ならないようにするため，頂点の記号は
「正方形の内側に書く」のがコツ！

② 半径のわからない円やおうぎ形の面積は，「半径×半径」を考えよう！
その際，正方形の面積を 2 通りの求め方で表すのがコツ！
⇒ 1 辺×1 辺＝対角線×対角線÷2

解答 別冊 3 ページ

1 1辺の長さが3cmの正方形 ABCD が，直線 ℓ 上をすべることなくアの位置からイの位置まで転がりました。

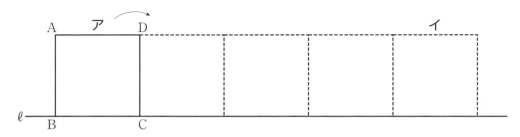

点 D が動いたあとの線をかき入れ，その長さは何 cm になるかを求めなさい。ただし，円周率は 3.14，1辺が 1cm の正方形の対角線の長さは 1.4 cm とします。

2 右の図のような直角二等辺三角形の等しい2つの辺上を，1辺の長さが4cmの正方形 ABCD がすべることなく，アの位置からイの位置まで転がりました。

(1) 点 B が動いたあとの線をかき入れなさい。

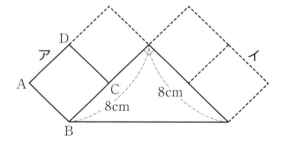

(2) (1)でかいた線と直角二等辺三角形の等しい2つの辺で囲まれた図形の面積は何 cm² ですか。ただし，円周率は 3.14 とします。

1 1辺の長さが1cmの正方形**ア**の周りを，1辺の長さが1cmの正方形を図の位置から矢印の方向にすべらないように，点Pが元の位置にもどるまで転がします。

点Pが動いてできる線を下の図にコンパスを用いてかきなさい。また，その線で囲まれた図形の面積を求めなさい。ただし，円周率は3.14とします。

(東京・駒場東邦中)

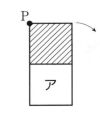

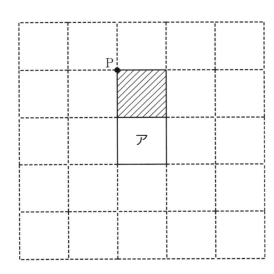

③ 長方形の転がり移動

入試傾向

正方形の転がり移動の場合は，頂点が動いたあとの線（おうぎ形の弧）の半径は 1 辺の長さと対角線の長さの 2 種類でしたが，長方形の場合は頂点が動いたあとの線（おうぎ形の弧）の半径は，縦・横・対角線の 3 種類になります。

「回転の中心」「半径の位置，長さ」「中心角」をいつも意識して，ていねいに作図しましょう。

例題

下の図のように，長方形 ABCD を，直線 ℓ にそって図の位置から矢印の方向にすべらないように転がし，頂点 B が再び直線 ℓ 上にきたところで止めました。

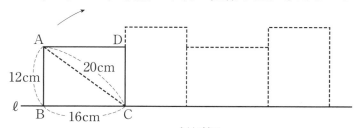

次の問いに答えなさい。ただし，円周率は 3.14 とします。

(1) 頂点 B が動いたあとの線をかき入れ，その長さは何 cm になるかを求めなさい。

(2) (1)でかいた線と直線 ℓ で囲まれた図形の面積は何 cm² ですか。

解き方と答え

(1) 転がって移動する長方形の各頂点の位置を確認すると，下の図のようになります。

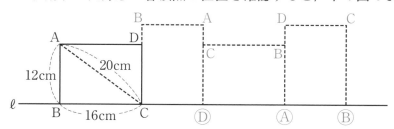

転がるごとに直線 ℓ と重なっていく頂点（○で囲んだ頂点）は

D，A，B，C，<u>D，A，B，C，…</u>

↑
このあとも転がりが続く場合

と「D，A，B，C」をくり返します。

次に，頂点 B が動いたあとの線をかき入れると，下の図の色の実線のようになります。

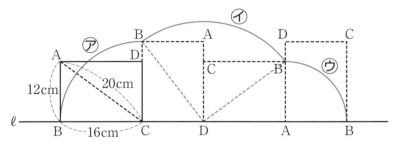

上の図で，㋐，㋑，㋒の弧の長さの合計を求めます。

> 弧㋐…中心が C，半径が 16cm の四分円の弧
>
> 弧㋑…中心が D，半径が 20cm の四分円の弧
>
> 弧㋒…中心が A，半径が 12cm の四分円の弧

よって，求める長さは

$$16 \times 2 \times 3.14 \times \frac{1}{4} + 20 \times 2 \times 3.14 \times \frac{1}{4} + 12 \times 2 \times 3.14 \times \frac{1}{4}$$

$$= 24 \times 3.14$$

$$= 75.36\,(\text{cm}) \quad \cdots 答$$

(2) 求める部分は，下の図で斜線を引いた 3 つの四分円と 2 つの直角三角形㋓と㋔（組み合わせると長方形 ABCD）になります。

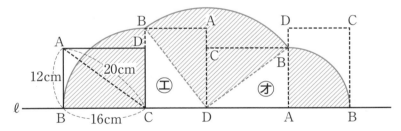

よって，求める面積は

$$16 \times 16 \times 3.14 \times \frac{1}{4} + 20 \times 20 \times 3.14 \times \frac{1}{4} + 12 \times 12 \times 3.14 \times \frac{1}{4} + 12 \times 16$$

$$= 200 \times 3.14 + 192$$

$$= 820\,(\text{cm}^2) \quad \cdots 答$$

ポイント

① はじめに「転がるごとに頂点の位置が移動する様子」をかき入れること！

② 動いたあとの線は，おうぎ形の弧になるが，転がるごとに半径が変わることに注意しよう！

練習問題

1 下の図のように，長方形 ABCD を，直線 ℓ にそって図の位置から矢印の方向にすべらないように転がし，頂点 A が再び直線 ℓ 上にきたところで止めました。

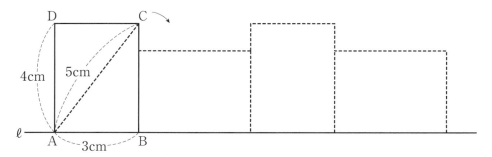

次の問いに答えなさい。ただし，円周率は 3.14 とします。

(1) 頂点 A が動いたあとの線をかき入れ，その長さは何 cm になるかを求めなさい。

(2) (1)でかいた線と直線 ℓ で囲まれた図形の面積は何 cm² ですか。

2 下の図のように，長方形 ABCD を，折れ線にそって図の⑦の位置から矢印の方向にすべらないように転がし，①の位置にきたところで止めました。頂点 A が動いたあとの線をかき入れ，その長さは何 cm になるかを求めなさい。ただし，円周率は 3.14 とします。

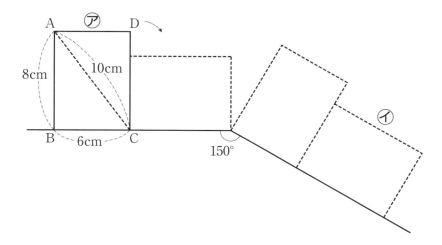

1 下の図は，1辺が7cmの正方形と，縦が4cm，横が3cmの長方形です。この長方形が正方形の周りをすべらないように回転して1周します。長方形が1周し元の位置にもどったとき，点Pが動いたあとの長さは□cmになります。ただし，長方形の対角線の長さは5cm，円周率は3.14とします。□にあてはまる数を求めなさい。

（愛知教育大附属名古屋中）

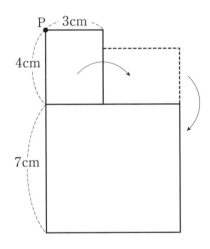

4 円の転がり移動①

入試傾向

円の転がり移動のテーマでは，「円の中心が動いたあとにできる線」に関する問題，「円そのものが動いたあとにできる図形の面積」を求める問題，「円が動いたときに何回転するか」を考える問題があります。このうち，近年目立って出題されているのが「円の中心が動いたあとにできる線」に関する問題です。特に「こみ入った折れ線を曲がるときの中心の動き」を正確にとらえる力を試す問題が増えています。

例題

右の図のように，半径2cmの円が折れ線にそって，アの位置からイの位置まで転がりました。

(1) 円の中心Oが動いたあとの線を右の図にかき入れなさい。

(2) (1)でかいた線の長さは何cmですか。
ただし，円周率は3.14とします。

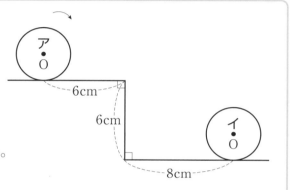

解き方と答え

円の転がり移動を考えるときは，次の⑦〜⑨の3つの場合について正確に作図することが大切です。

⑦ 円が直線ℓ上を転がる場合
→**円の中心は直線ℓと平行な直線をえがく**

直線ℓ

ここが直角になる！

⑦ 円が折れ線のかどの外側を転がる場合
→かどを中心にして円が回転移動するので**円の中心は弧をえがく**

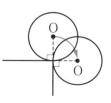

⑨ 円がかどの内側を転がる場合
→**円の中心は折れ線をえがく**

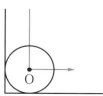

(1) 右の図の色の実線になります。

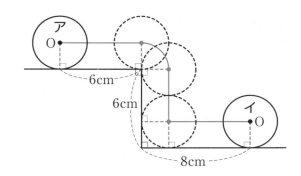

(2) (1)の図において, 求める長さは,

$$\underbrace{6+(6-2)+(8-2)}_{\text{直線部分の合計}}+\underbrace{2\times2\times3.14\times\frac{1}{4}}_{\text{曲線部分}}=19.14\,(\text{cm}) \cdots \text{答}$$

ポイント

・**接点(円と直線が接する点)の性質**

　円が直線に接しているとき, 円の中心と接点を結んだ半径は常に直線と**垂直**になる。

直線 ────────

　中心　　　中心

接点　　　接点

直線

接点

中心

接点

中心

・**作図の手順**

① まず, 直線部分をかく　　　② 次に弧の部分をかく

⇨

1 右の図のように，半径 1cm の円が三角形の周
りにそって転がりながら 1 周して元の位置にもど
ります。これについて，次の問いに答えなさい。

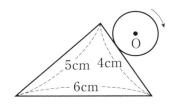

(1) 円の中心 O が動いたあとの線を右の図にかき入
れなさい。

(2) (1)でかいた線の長さは何 cm ですか。ただし，円周率は 3.14 とします。

2 右のような，1 辺 20cm の正方形から 1 辺 10cm
の正方形を取りのぞいた形の図形があります。半
径 2cm の円が，この図形の周りにそって転がり
ながら 1 周して元の位置にもどります。これにつ
いて，次の問いに答えなさい。

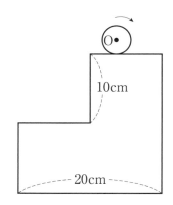

(1) 中心 O が動いたあとの線を右の図にかき入れな
さい。

(2) (1)でかいた線の長さは何 cm ですか。ただし，
円周率は 3.14 とします。

1 図のように，中心が O で半径 6 cm の円を，点 A から矢
印の方向に折れ線 ABCDE にそって，点 E まで転がします。
ただし，OA＝AB＝BD＝DE＝6 cm，BC＝CD とします。
次の問いに答えなさい。

(埼玉・春日部共栄中)

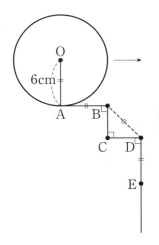

(1) 円の中心 O が移動する道のり（いどう）を下の図に図示しなさい。

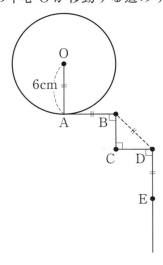

(2) 円の中心 O が移動する道のりの長さを求めなさい。ただし，円周率は 3.14 とします。

5 円の転がり移動②

入試傾向 　今回は，直線と曲線が組み合わされた図形の周りを円が転がる場合，「円の中心がどのように動くか」を考える問題に取り組みます。年々，図形そのものが複雑化しており，より厳密に作図することが求められます。

例題

　右の図のように，半径2cmの円がおうぎ形の周りにそって1周して元の位置にもどります。これについて，次の問いに答えなさい。

(1) 円の中心Oが動いたあとの線を右の図にかき入れなさい。

(2) (1)でかいた線の長さは何cmですか。ただし，円周率は3.14とします。

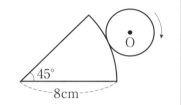

解き方と答え

円がおうぎ形の弧の上を転がる場合，円の中心もおうぎ形と同じ中心角の弧をえがきます。

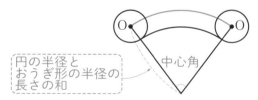

円の半径とおうぎ形の半径の長さの和

(1) まず，**直線上を転がる場合**の円の中心が動いたあとの線をかきます(図1)。

次に，**おうぎ形の弧の上を転がる場合**の円の中心が動いたあとの線をかきます(図2)。

最後に，**かどを中心にして円が回転した場合**の円の中心が動いた線をかきます(図3)。

図3の色の線が答えです。

図1
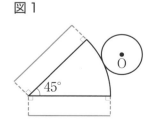

図2
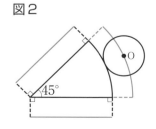

図3
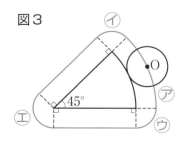

(2) 図3で，

弧⑦…は半径が$(8+2=)10\,\mathrm{cm}$ で，中心角が $45°$ のおうぎ形の弧

弧⑦，⑦…ともに半径2cm の四分円の弧

弧⑦…半径2cm で，中心角が$(360°-90°×2-45°=)135°$ のおうぎ形の弧

となります。

また，弧⑦，⑦，⑦は半径がすべて同じなので，**中心角の合計を**

$$90°×2+135°=315°$$

とまとめることができます。

よって，求める長さは

$$10×2×3.14×\frac{45}{360}+2×2×3.14×\frac{315}{360}+8×2$$

$$=6×3.14+16$$

$$=\mathbf{34.84\,(cm)} \quad \cdots 答$$

ポイント

・**接点**(円と円が接する点)**の性質**

円が弧に接しているとき，円の中心，接点，弧の中心の 3 点は常に一直線上にある。

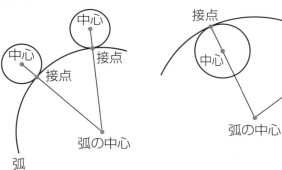

・**作図での注意点**

円の中心が曲線をえがく部分に注意しよう！

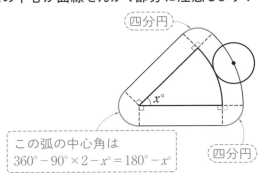

円の半径とおうぎ形の半径の長さの和

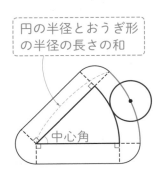

四分円

この弧の中心角は
$360°-90°×2-x°=180°-x°$

四分円

1 右の図のように，半径1cmの円が
おうぎ形の周りにそって1周して元の
位置にもどります。これについて，次
の問いに答えなさい。

(1) 円の中心Oが動いたあとの線を右の
図にかき入れなさい。

(2) (1)でかいた線の長さは何cmですか。
ただし，円周率は3.14とします。

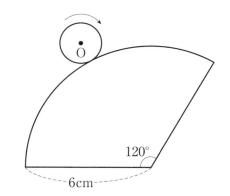

120°
6cm

2 右の図のように，半径3cmの円がお
うぎ形の周りにそって転がりながら1周
して元の位置にもどります。これについ
て，次の問いに答えなさい。

(1) 円の中心Oが動いたあとの線を右の図
にかき入れなさい。

(2) (1)でかいた線の長さは何cmですか。
ただし，円周率は3.14とします。

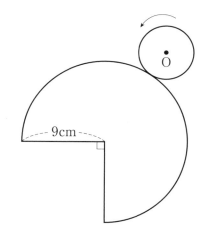

9cm

1 右の図のような，長方形と正方形とお
うぎ形を使ってかいた図形を考えます。

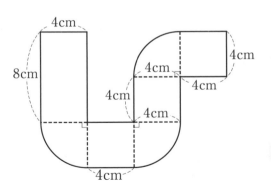

半径 1cm の円が，この図形の辺や弧からはなれることなく図形の周りを 1 周します。
円が図形の外側を 1 周するとき，円の中心の点 P が通ってできる線の長さを求めなさ
い。ただし，円周率は 3.14 とします。

(東京・海城中)

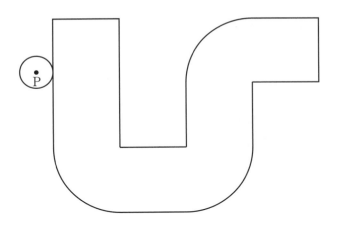

おうぎ形の転がり移動

入試傾向　おうぎ形の転がり移動では，中心の動きがイメージしづらく，苦手とする受験生も多いようです。中心が動いたあとにできる線は，「どこからどこまでが直線でどこからどこまでが曲線になるのか」をここで説明しています。「何となく」ではなく「なぜそうなるのか」という理由を理解して，正確に作図できるようにしましょう。

例題

おうぎ形 OAB を，直線 ℓ にそってアの位置から矢印の方向にすべらないように転がし，OB がはじめて直線 ℓ と重なるイの位置で止めました。次の問いに答えなさい。

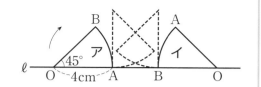

(1) 点 O が動いたあとの線をかき入れなさい。

(2) (1)でかいた線の長さは何 cm ですか。ただし，円周率は 3.14 とします。

解き方と答え

(1) おうぎ形は，まず**図1**のように，**点 A を中心にして半径 OA が直線 ℓ と垂直になるまで回転**します。

次に，**図2**のように，中心 O は直線 ℓ と平行に**弧 AB の長さと同じだけ移動**します。
（おうぎ形は円の一部なので，**図3**のように，おうぎ形の中心の移動は，円の中心の移動と同じことになります）

図1

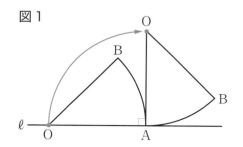

図2

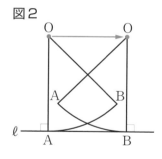

図3

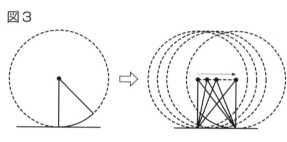

最後に，**図4**のように点Bを中心にして，半径OBが直線ℓに重なるまで回転します。

図4

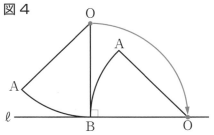

したがって，点Oが動いたあとは，**図5**の色の線になります。

図5

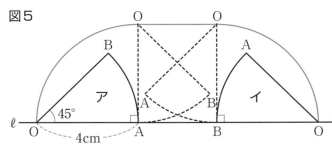

(2) 点Oが動いたあとの線の長さは

> 曲線部分…半径4cmの四分円の弧2つ分
> 直線部分…半径4cm，中心角45°のおうぎ形の弧1つ分

となります。**半径は4cmで同じなので中心角の合計を求める**と，

$$90° \times 2 + 45° = 225°$$

よって，求める長さは

$$4 \times 2 \times 3.14 \times \frac{225}{360} = 5 \times 3.14 = \textbf{15.7}\,\textbf{(cm)} \quad \cdots 答$$

6

おうぎ形の転がり移動

ポイント

① どこからどこまでが曲線（＝弧）で，どこからどこまでが直線かをはっきりと意識して作図すること！

② 必ず直角になる部分を押さえておこう！

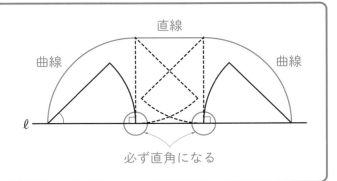

25

解答 別冊7ページ

1 おうぎ形OABを，直線ℓにそって，アの位置から矢印の方向にすべらないように転がし，OBがはじめて直線ℓと重なるイの位置で止めました。次の問いに答えなさい。

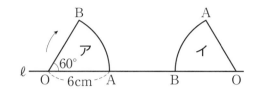

(1) 点Oが動いたあとの線をかき入れなさい。

(2) (1)でかいた線の長さは何cmですか。ただし，円周率は3.14とします。

2 下の図のように，おうぎ形OABを直線ℓにそってアの位置から矢印の方向にすべらないように転がし，OBがはじめて直線ℓと重なるイの位置で止めました。これについて，次の問いに答えなさい。

(1) 点Oが動いたあとの線をかき入れなさい。

(2) (1)でかいた線の長さは何cmですか。ただし，円周率は3.14とします。

1 下の図のように，縦が4cm，横が6cmの長方形ABCDと，直径が6cmで点Oを中心とする半円を組み合わせた図形Pがあります。このとき，OBは5cmです。この図形Pを，**ア**の位置から直線上をすべることなく1回転させたところ，**イ**の位置まできました。

　このとき，次の問いに答えなさい。ただし，円周率は3.14とします。　(千葉・専修大松戸中)

(1) 図形Pの面積は何cm² ですか。

(2) 半円の中心Oが動いたあとの線の長さは何cmですか。

7 図形の回転移動①

入試傾向

三角形の1つの頂点を中心として，三角形を回転させたとき，辺が通る部分の面積を求める問題に取り組みます。ここでも作図力が決め手となることは言うまでもありません。作図したあとの求積においては「等積移動」または「図形式」のどちらかを利用することになります。

例題

右の図のように，点Cを中心として三角形ABCを矢印の方向に90°回転させると，三角形A′B′Cの位置にきます。次の問いに答えなさい。

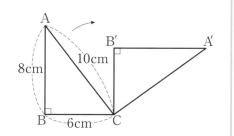

(1) この回転で，辺ABが通る部分を斜線で示しなさい。

(2) (1)で示した斜線部分の面積を求めなさい。ただし，円周率は3.14とします。

解き方と答え

(1) まず，**回転の中心Cから最も遠い点**である頂点Aが動く線をかきます（図1）。

次に，**回転の中心Cから最も近い点**である頂点Bが動く線をかきます（図2）。

図1
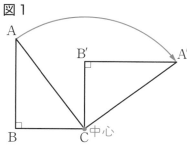

図2
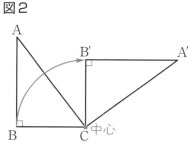

図1，図2でかいた2つの弧と辺AB，A′B′で囲まれた部分に斜線を引くと答えになります（図3）。

図3
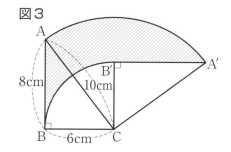

28

(2) 図4のように，四分円 BCB′ の弧 BB′ を延長して弧 B′D′ をかくと，図形 ABD
と図形 A′B′D′ は合同になります。

　よって，**図形 ABD を図形 A′B′D′ に移動する**と，斜線部分の面積は，2つのおうぎ
形 ACA′ と DCD′ の面積の差に等しいことがわかります(図5)。

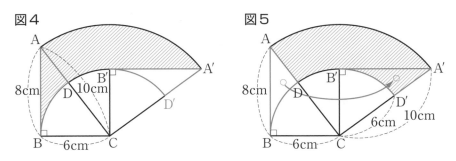

よって，求める面積は

$$10 \times 10 \times 3.14 \times \frac{1}{4} - 6 \times 6 \times 3.14 \times \frac{1}{4} = (25-9) \times 3.14$$

$$= 50.24 \, (\mathrm{cm}^2) \cdots 答$$

(別解)

面積のたしひきで求めることもできます。

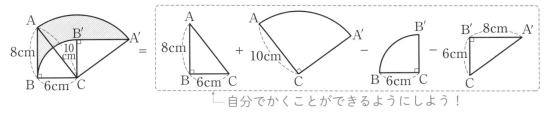

└─ 自分でかくことができるようにしよう！

これを**図形式**といいます。

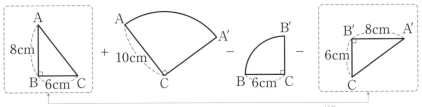

合同な三角形なので面積は同じ。よって「差しひき0」になる！

したがって，四分円 ACA′ と四分円 BCB′ の面積の差を求めればよいことがわかります。

ポイント

① 回転移動では，それぞれの頂点は弧をえがくので，中心，半径，回転角
に注意しながら，ていねいに作図すること！

② 作図のあとの求積は，等積移動または図形式で考えよう！

1 右の図のように，点Cを中心と
して三角形 ABC を矢印の方向に
135°回転させると，三角形 A′B′C
の位置にきます。次の問いに答え
なさい。

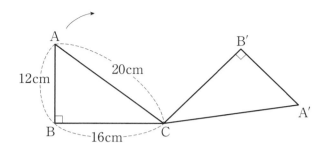

(1) この回転で，辺 AB が通る部分
を斜線で示しなさい。

(2) (1)でかいた斜線部分の面積を求めなさい。ただし，円周率は 3.14 とします。

2 長さ 25 cm の直線 AB と長さ 12 cm の直線 BC が組み合
わさった折れ線 ABC があり，点 A と点 C は 30 cm はな
れています。この折れ線 ABC を，右の図のように，点C
を中心にして矢印の方向に 32°回転させたところ，折れ線
A′B′C に移りました。これについて，次の問いに答えな
さい。

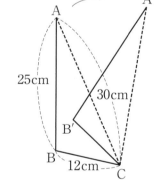

(1) この回転で，折れ線 ABC が通る部分の面積を斜線で示
しなさい。

(2) (1)でかいた斜線部分の面積を求めなさい。ただし，円周率は 3.14 とします。

1 右の図において，三角形 ABC を，
点 C を中心として時計の針(はり)の回転と
同じ向きに 120°回転させると，三角形
A′B′C の位置にきます。問いに答え
なさい。
　　　　　　　　　　　　　（東京・学習院女子中等科）

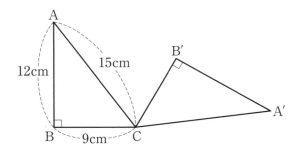

(1) この回転で，辺 AB が通る部分を斜
　　線で示しなさい。ただし，図の大きさ
　　は実際(じっさい)とは異(こと)なります。

(2) (1)でかいた斜線部分の面積を求めなさい。ただし，円周率は 3.14 とします。

　以前はごく限られた難関校でしか出題されていなかった問題ですが，図形の回転移動についての本質的な理解度を問う問題であるためか，他の学校でも出題が目立つようになりました。

　回転の中心からはなれた図形が回転移動するとき，「中心から最も近い点が動いてできる線より内側と，最も遠い点が動いてできる線より外側は通らない」ということを本単元でしっかりと学んで理解しましょう。

例題

　右の図のように，点Cを中心として正方形ABCDを矢印の方向に90°回転させます。次の問いに答えなさい。

(1) この回転で対角線BDが通る部分を斜線で示しなさい。

(2) (1)でかいた斜線部分の面積を求めなさい。ただし，円周率は3.14とします。

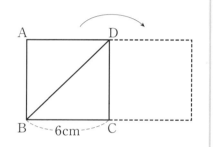

解き方と答え

(1) まず，**回転の中心Cから最も遠い点**である頂点B，Dが動く線をかきます（図1）。次に，**回転の中心Cから最も近い点**である点E（対角線の交点）が動く線をかきます（図2）。

図1
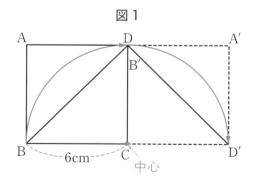

図2
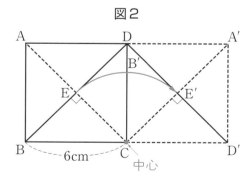

図1，図2でかいた2つの弧と辺BE，E'D'で囲まれた部分に斜線をひくと答えになります（図3）。

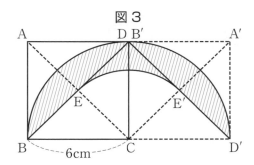

図3

(2) 斜線部分を求める**図形式をかく**と，下のようになります。

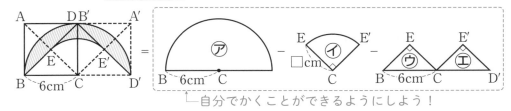

└自分でかくことができるようにしよう！

ここで，⑦〜㋗のそれぞれの図形の面積を考えます。

$$半円⑦ = 6 \times 6 \times 3.14 \times \frac{1}{2} = 18 \times 3.14 \,(\text{cm}^2)$$

直角三角形㋒，㋓は図4のように並べると，対角線が6cmの正方形になりますから，面積は

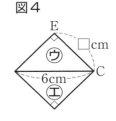

図4

$$6 \times 6 \div 2 = 18 \,(\text{cm}^2)$$

四分円④は半径CEの長さがわかっていませんが「半径×半径」は辺CEを1辺とする正方形の面積になりますから図4の正方形の面積と等しく18cm^{2}とわかります。よって，四分円④の面積は

$$\square \times \square \times 3.14 \times \frac{1}{4} = 18 \times 3.14 \times \frac{1}{4} = 4.5 \times 3.14 \,(\text{cm}^2)$$

したがって，斜線部分の面積は，

$$18 \times 3.14 - 4.5 \times 3.14 - 18 = \mathbf{24.39} \,(\text{cm}^2) \quad \cdots 答$$

8

図形の回転移動②

ポイント

回転の中心からはなれた棒ABが回転する場合は「中心から最も遠い点」と「中心から最も近い点」の動きに注目しよう！
「中心から最も近い点」は，中心からひいた線と棒が垂直に交わるところになる。

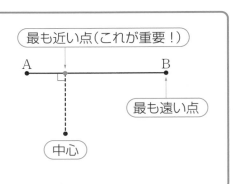

1 右の図のような T の形をした棒があり，
AD ＝ BD ＝ 6cm，CD ＝ 8cm，BC ＝ 10cm です。C
を中心としてこの棒を 1 回転させます。次の問い
に答えなさい。

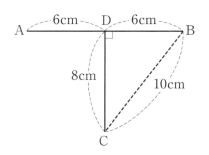

(1) この回転で棒 AB が通る部分を斜線で示しなさい。

(2) (1)でかいた斜線部分の面積を求めなさい。ただし，
円周率は 3.14 とします。

2 右の図のように，正方形 ABCD を点 C を中
心として矢印の方向に 150°回転させます。次の
問いに答えなさい。

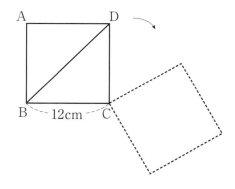

(1) この回転で対角線 BD が通る部分を斜線で示
しなさい。

(2) (1)でかいた斜線部分の面積を求めなさい。た
だし，円周率は 3.14 とします。

1 右の図のような PQ＝QR＝3cm の直
角二等辺三角形 PQR があり，2辺 PQ，
QR 上を，2辺の長さが1cm，2cm の
長方形 ABCD が①から④の状態まで
すべることなく転がっていきます。ま
た，BC の真ん中の点を E とします。
円周率は 3.14 とします。

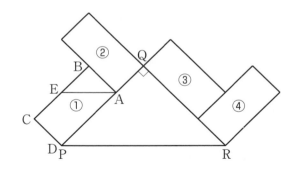

（福岡・久留米大附設中）

(1) ①から④の状態になるまでに E が動いた道のりを下の図の中にかきなさい。

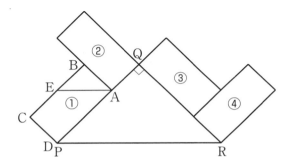

(2) ①から②の状態になるまでに AE が通ってできる図形の面積は何 cm² ですか。

(3) ②から③の状態になるまでに AE が通ってできる図形の面積は何 cm² ですか。

入試傾向　近年の入試問題で特に増えているジャンルとして、「作図を必要とする立体図形」が挙げられます。その中でも、「展開図をもとに見取図をかいて体積を求める問題」が目立つようになりました。今回は、立方体や直方体の見取図をもとに、それをどのように切断してできた立体かを考えます。

例題

図アは、立方体を切断してできる立体の展開図です。これを組み立てた立体の見取図を図イにかき入れ、その体積は何 cm³ になるかを求めなさい。

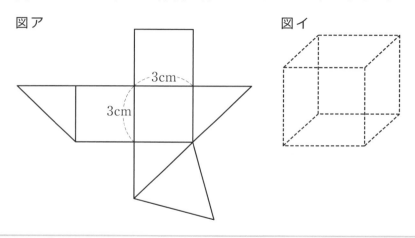

解き方と答え

組み立て方の説明のため、図1のように展開図の各面に①〜⑦の番号をつけておきます。
矢印で結んである辺どうしは組み立てたときにくっつく辺です。

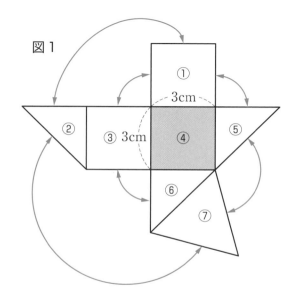

図2のように，④を底面とすると，図3のように④ととなり合う面である①，③，⑤，⑥が側面になることに着目して組み立てていきます。

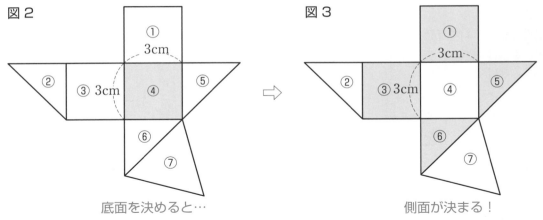

底面を決めると…　　　　　　　　　　側面が決まる！

まず，**④を底面として**，④ととなり合う面である①，③，⑤，⑥を組み立てると図4のようになり，それに②と⑦をくっつけると図5のようになり，見取図が完成します（図6）。

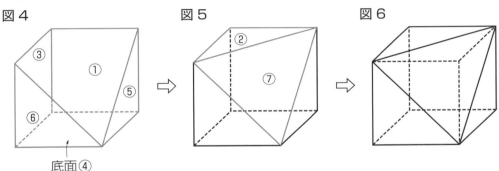

底面④

次に，この立体の体積を考えます。図7において，**立方体から三角すい A−BCD を取りのぞいた立体になります**から

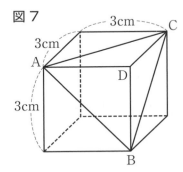

図7

$$3 \times 3 \times 3 - 3 \times 3 \div 2 \times 3 \times \frac{1}{3}$$

$$= 22.5 \, (\text{cm}^3) \quad \cdots 答$$

ポイント　展開図を組み立てた立体の見取図をかくには，まず「どの面を底面にするか」を考えることが大切！
次に，底面にとなり合う面（側面）を考え，残りの面で立体が完成するよう調整しよう！

1 図1は直方体を切断_{せつだん}してできる立体の展開図_{てんかいず}です。これを組み立てた立体の見取図を図2にかき入れ，その体積は何 cm³ になるかを求めなさい。

図1

図2

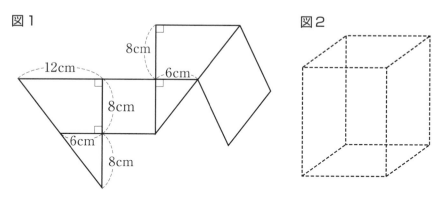

2 図1は立方体を切断してできる立体の展開図です。これを組み立てた立体の見取図を図2にかき入れ，その体積は何 cm³ になるかを求めなさい。

図1

図2

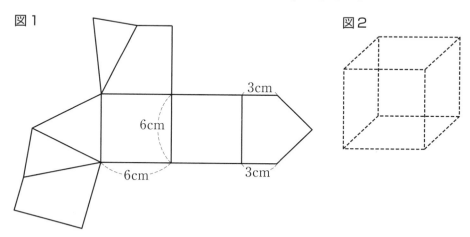

入試問題にチャレンジ

⏱ 制限時間 **10**分　　解答　別冊11ページ

1 図のように，1辺の長さが6cmの正方形1つと，直角二等辺三角形4つ，正三角形2つを並べると，ある立体の展開図になります。この図を組み立ててできる立体の体積は何cm³ですか。

（東京・早稲田中）

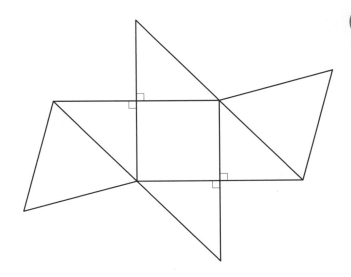

10 展開図から見取図へ②

前回に続き，展開図をもとにその立体の体積を求める問題に取り組みます。今回も，ある立体を切断してできる立体の展開図に関する問題です。展開図の中に相似な 2 つの図形を見つけることが見取図をイメージできるかどうかのカギとなります。

例題

右の展開図を組み立ててできる立体の体積は何 cm³ ですか。

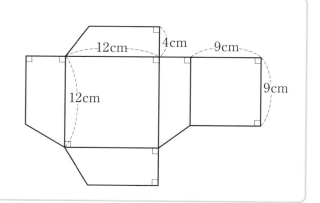

解き方と答え

組み立て方の説明のため，図1のように各面に①〜⑥の番号をつけておきます。まず，この立体の見取図をかきます。

図1

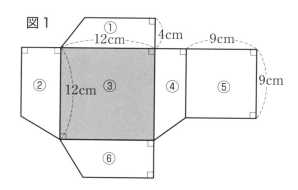

③**を底面とすると**，③ととなり合う面である①，②，④，⑥を起こして組み立て，その上に⑤をかぶせると，図2のような**四角すい台**になることがわかります。

図2

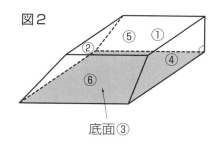

底面③

40

次に，この四角すい台の体積を考えます。

図3において，**四角すい台 ABCD−EFGH は
四角すい P−EFGH から，四角すい P−ABCD
を取りのぞいた立体**になります。

図3

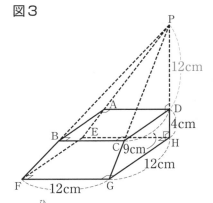

四角すい P−ABCD と四角すい P−EFGH は相似で，相似比は，

$$CD : GH = 9 : 12 = 3 : 4$$

よって，$PD = 4 \times \dfrac{3}{4-3} = 12 \, (cm)$

四角すい P−ABCD と
四角すい P−EFGH の体積比は，

$(3 \times 3 \times 3) : (4 \times 4 \times 4)$

$= 27 : 64$

したがって，四角すい台
ABCD−EFGH の体積は，

$$9 \times 9 \times 12 \times \dfrac{1}{3} \times \dfrac{64-27}{27}$$

$$= 444 \, (cm^3) \cdots 答$$

◁ アドバイス

① ピラミッド型相似
   ア：イ＝エ：オ
   ア：ウ＝エ：カ
      ＝キ：ク
② 相似比と体積比の関係
   相似比が a：b のとき
   体積比は (a×a×a) : (b×b×b)

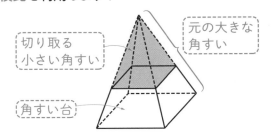

ポイント

角すい台の体積を求めるときは体積比を利用しよう！

切り取る小さい角すいと元
の大きい角すいの体積比が
ア：イのとき，
切り取る小さい角すいと角
すい台の体積比は
ア：(イ−ア)

切り取る
小さい角すい

元の大きな
角すい

角すい台

角すい台の体積＝切り取る小さい角すいの体積×$\dfrac{イ−ア}{ア}$

解答 別冊 11 ページ

1 右の展開図を組み立ててできる立体の体積は何 cm³ ですか。

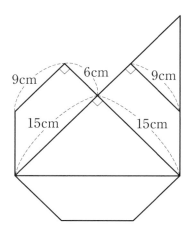

2 右の展開図を組み立ててできる立体の体積は何 cm³ ですか。

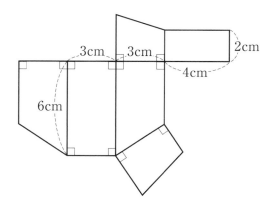

入試問題にチャレンジ

制限時間 **10**分　　解答 別冊 **12** ページ

1 右の展開図で点線部分を折り目としてできる立体の体積を求めなさい。

（東京・早稲田実業中等部）

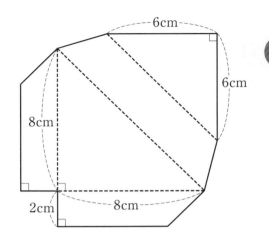

11 立方体の切断①

入試傾向

中学入試での立体図形の問題では，やはり「切断」がメインテーマです。苦手な受験生の多いテーマですが，正しい手順を学び，段階をふんでトレーニングしていけば必ず克服できます。手順にしたがって作図するコツをつかみ，三角形の相似を利用して処理するテクニックを身につけて下さい。

例題

右の図は，1辺が10cmの立方体です。3点P，Q，Rを通る平面でこの立方体を切り分けます。3点P，Q，Rを通る平面が辺AEと交わる点をKとするとき，KEの長さは何cmですか。

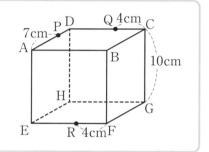

解き方と答え

次のように，手順1〜3にしたがって作図します。

手順1 PとQを結びます（図1）。

　　同じ面上にある2点は直線で結ぶ

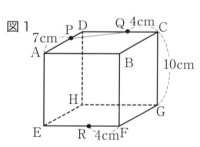

手順2 Rを通って，PQに平行な直線を引き，辺FGとの交点をIとします（図2）。

　　←平行な面には平行な直線を引く

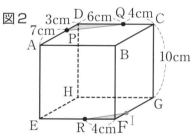

図2において，直角三角形DPQと直角三角形FIRは相似です。

よって図3より，IF：FR＝PD：DQ＝3：6＝1：2

ゆえに，IF＝4×$\frac{1}{2}$＝2（cm）

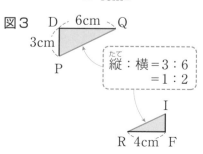

手順3 このままでは結べる点がないので，IR の延
長線と HE の延長線との交点を J とすると，P と J を
結ぶことができます（図4，図5）。

　↑ 切り口の線と元の立体の
　　辺を延長して交点を作る

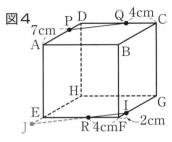

図4

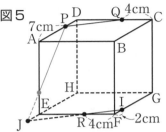

図5

🔊 アドバイス

クロス型相似

ア：イ＝ウ：エ
　＝オ：カ

PJ と AE の交点が K となり，KE の長さを求めますが，
それには，まず EJ の長さを先に求める必要があります。

図6の色のついた部分に着目すると，

FI：EJ ＝ FR：ER ＝ 4：6 ＝ 2：3 より

$$EJ = 2 \times \frac{3}{2} = 3 \ (\text{cm})$$

次に，**図7の色のついた部分に着目すると，**

KA：KE ＝ PA：JE ＝ 7：3 より ← 🔊 **アドバイス** 参照

$$KE = 10 \times \frac{3}{7+3} = 3 \ (\text{cm}) \quad \cdots 答$$

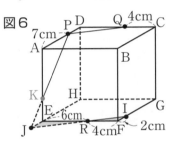

図6

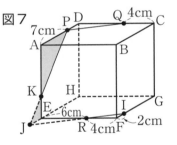

図7

ポイント

・切り口の作図法

① 同じ面上にある2点は直線で結ぶ。

② 平行な面には，平行な直線を引く。

③ 切り口の線と元の立体の辺を延長して
　交点を作る。

部屋のすみに箱を置いて，
かべや床ごと切るイメージ！

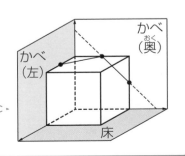

かべ
（奥）

かべ
（左）

床

練習問題

1 下の図はどれも 1 辺が 8cm の立方体です。3 点 P, Q, R を通る平面で切ったとき にできる切り口を実線でかき入れ, その形の最もふさわしい名前をそれぞれ(　　)の 中にかきなさい。

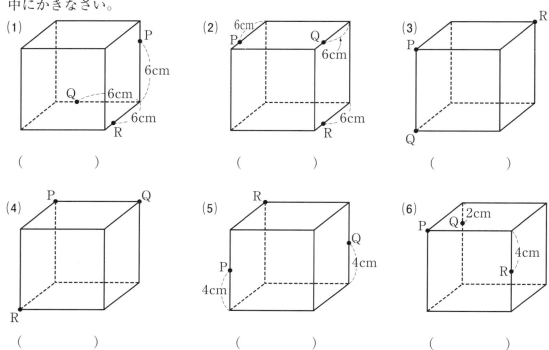

(1)　(　　　　　　)

(2)　(　　　　　　)

(3)　(　　　　　　)

(4)　(　　　　　　)

(5)　(　　　　　　)

(6)　(　　　　　　)

2 右の図は, 1 辺が 9cm の立方体です。3 点 P, Q, R を通る平面でこの立方体を切った ときの切り口の形の名前を答えなさい。また, 3 点 P, Q, R を通る平面が辺 EF と交わる点 を S とするとき, ES の長さは何 cm ですか。

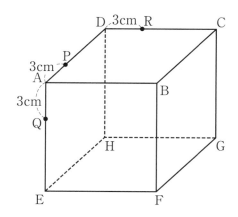

1 右の図のような1辺の長さが4cmの立方体 ABCD－EFGH があります。辺 AB 上に AP：PB＝1：1 となるように点 P をとります。また，辺 BF 上に BQ：QF＝3：1 となるように点 Q をとり，辺 GH 上に GR：RH＝3：1 となるように点 R をとります。3点 P，Q，R を通る平面でこの立方体を切断し，その平面と辺 FG の交点を S とすると，FS：SG＝□：□ となります。□にあてはまる数を求めなさい。

（神奈川・サレジオ学院中）

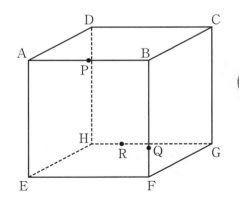

　立方体を切断したときにできる立体の体積を求める問題に取り組みます。切り口の線と，元の立方体の辺を延長して「三角すいを作る」という，やはり「作図力」が必要となります。
　また，体積を求める計算においては，「相似比→体積比」を利用した計算処理ができるようにしておきましょう。

例題

　右の図は 1 辺が 12 cm の立方体で，点 P，Q はそれぞれ辺の真ん中の点です。いま，3 点 A，P，Q を通る平面で，この立方体を切り分けました。このときにできる小さい方の立体の体積は何 cm³ ですか。

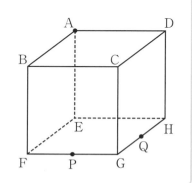

解き方と答え

まず，**PQ の延長線**と，**EF，EH の延長線**との交点をそれぞれ I，J とします（図1）。次に，AI と BF の交点を K，AJ と DH の交点を L とすると，**切り口は五角形 AKPQL** になります（図2）。

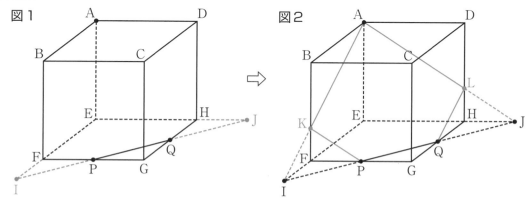

切ったあとにできる小さい方の立体は，図2で，**三角すい A−EIJ から，2 つの合同な三角すい K−FIP，L−HQJ を取りのぞいたもの**になります。

ここで，三角形の相似を利用して，必要な辺の長さを求めていきます。図3で色のついた部分に着目して，

FI：GQ＝FP：GP＝1：1 より

$$FI＝GQ＝6（cm）$$

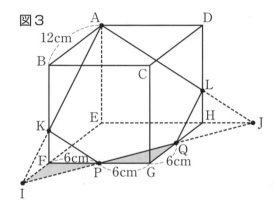

図3

図4で色のついた部分に着目して，

KB：KF＝AB：IF＝12：6＝2：1 より

$$KF＝12×\frac{1}{2＋1}＝4（cm）$$

三角すい K－FIP と三角すい A－EIJ は相似で，相似比は

$$KF：AE＝4：12＝1：3$$

体積比は

$$（1×1×1）：（3×3×3）＝1：27$$

したがって，求める立体の体積は，三角すい K－FIP の体積の 27－1×2＝25（倍）になりますから，

$$6×6÷2×4×\frac{1}{3}×25＝600（cm^3）　…答$$

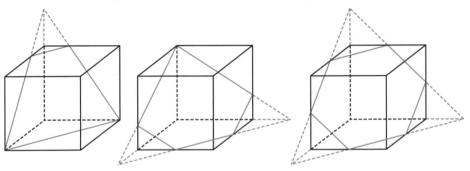

ポイント　切り口が台形，五角形，六角形になる場合は，下の図のように，延長線によっていくつかの三角すいができる。

切断後にできる立体は，大きい三角すいから，小さい三角すいを取りのぞいたものになる。

[1] 右の図のように，1辺が6cm の立方体を
3点 P，Q，R を通る平面で切ったとき，
点 A をふくむ方の立体の体積は何 cm³ で
すか。

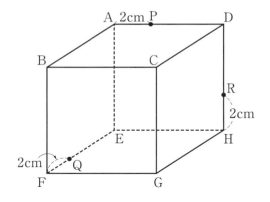

[2] 右の図のように，1辺が12cm の立方体を3点 A，P，Q を通る平面で切ったとき，
点 E をふくむ方の立体の体積は何 cm³ ですか。

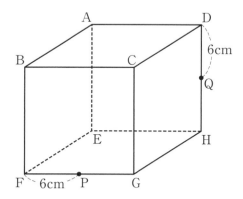

入試問題にチャレンジ

制限時間 10分　解答 別冊 15 ページ

1 右の図は１辺の長さが 6cm の立方体 ABCD－EFGH です。辺 AD，CD を二等分する点をそれぞれ P，Q とし，3 点 P，Q，F を通る平面でこの立方体を切ります。このとき，次の問いに答えなさい。　（神奈川・カリタス女子中）

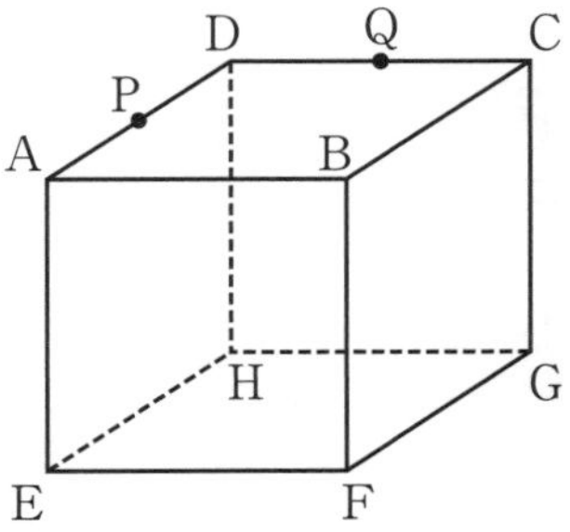

(1) 切り口は，どのような図形になりますか。

(2) 3 点 P，Q，F を通る平面と辺 AE とが交わる点を R とするとき，AR の長さは何 cm ですか。

(3) 頂点（ちょうてん）B をふくまない方の立体の体積は何 cm^3 ですか。

13 立方体の切断③

　近年，上位校だけでなく様々な学校で，立体を複数回切断する設定の問題が出題されるようになってきています。頭の中のイメージだけで解くのではなく，「切り口どうしの交点を見つけて交線をひくこと」がコツです。論理的に作図できるようにしましょう。

例題

　図アは，1辺が12cmの立方体で，点P，Q，R，Sはそれぞれ辺の真ん中の点です。この立方体を，3点P，Q，Sを通る平面と3点A，D，Rを通る平面で切断して，4つの立体に切り分けます。切り分けてできる4つの立体のうち，点Fをふくむ立体をXとします。次の問いに答えなさい。

図ア

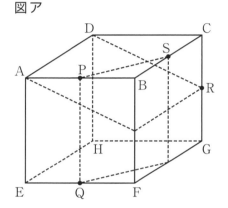

(1) 図イに立体Xの見取図をかきなさい。
　　ただし，見えている辺は濃い実線で，見えていない辺は濃い点線でかき入れなさい。

(2) 立体Xの体積を求めなさい。

図イ

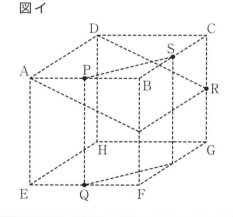

解き方と答え

(1) 2つの平面が交わってできる線は直線になります。この直線は**両方の平面上にある2つの点を通っています**から，その2つの点の位置を**確認する**と，図1の○がついた部分になります。

この2点を結ぶと**図2**のようになり，立体Xの形がわかります。見取図は**図3**の色の線のようになります。

図1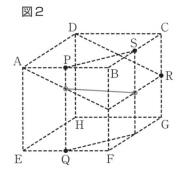

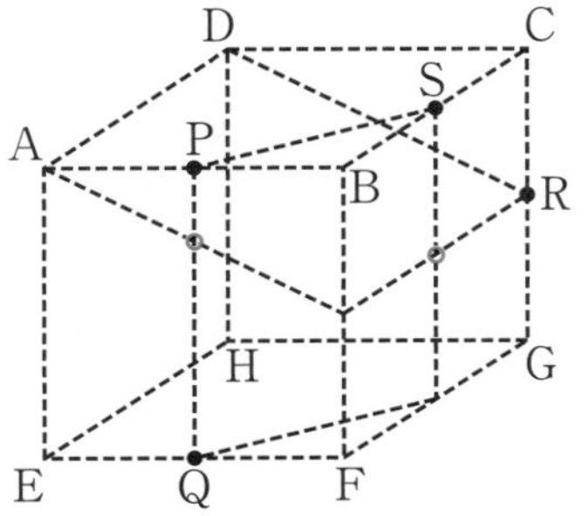

図2

図3

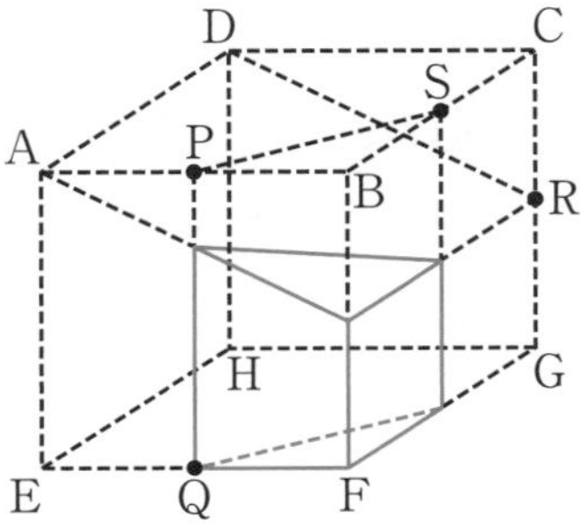

(2) 立体Xは，三角柱をななめに切断してできる立体です。この立体の体積は，右下の重要公式によって求めることができます。

図4 で，三角形の相似を利用すると

PV：BU＝AP：AB＝1：2 より

$$PV = 6 \times \frac{1}{2} = 3\,(\text{cm})$$

$$VQ = 12 - 3 = 9\,(\text{cm})$$

よって，求める体積は，

三角形 QFT の面積 $\times \dfrac{VQ + UF + WT}{3}$ ◀ アドバイス 参照

$$= 6 \times 6 \div 2 \times \frac{9 + 6 + 6}{3}$$

$$= 126\,(\text{cm}^3)\ \cdots 答$$

図4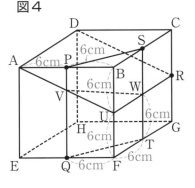

◀ アドバイス

【重要公式】
三角柱をななめに切断してできる立体の体積は

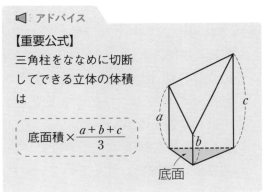

$$底面積 \times \frac{a + b + c}{3}$$

底面

ポイント
立体を2つの平面で切り分ける問題は，2つの平面の交線（交わってできる線）がうまくかけるかどうかがカギとなる。
立体の表面上で，2つの切り口の共通な2点を探して，これを結ぶのがコツ！

1 図アは 1 辺が 6cm の立方体で，点 P，Q，R，S はそ
れぞれ辺の真ん中の点です。この立方体を，3 点 P，E，
R を通る平面と 3 点 Q，S，H を通る平面で切断して，4
つの立体に切り分けます。切り分けてできる 4 つの立体
のうち，点 A をふくむ立体を X とします。
次の問いに答えなさい。

(1) 図イに立体 X の見取図をかきなさい。ただし，見えて
いる辺は濃い実線で，見えていない辺は濃い点線でかき
入れなさい。

(2) 立体 X の体積を求めなさい。

図ア

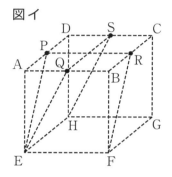

図イ

2 図アは 1 辺が 12cm の立方体で，点 P，Q，R，S はそ
れぞれ辺の真ん中の点です。この立方体を，3 点 P，R，
S を通る平面と 3 点 A，E，Q を通る平面で切断して，4
つの立体に切り分けます。切り分けてできる 4 つの立体
のうち，点 F をふくむ立体を X とします。
次の問いに答えなさい。

(1) 図イに立体 X の見取図かきなさい。ただし，見えてい
る辺は濃い実線で，見えていない辺は濃い点線でかき入
れなさい。

(2) 立体 X の体積を求めなさい。

図ア

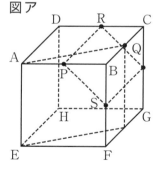

図イ

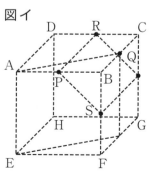

1 図のような，各辺の長さが 10cm の立方体 ABCD
－EFGH があります。

図のように，辺 AD，AE，BC，BF 上にそれぞれ点 I，
J，K，L があり，AI＝6cm，AJ＝6cm，BK＝6cm，
BL＝6cm です。また，辺 AE，AB，DH，DC 上に
それぞれ点 M，N，O，P があり，AM＝3cm，
AN＝3cm，DO＝3cm，DP＝3cm です。

この立方体を，4 点 I，J，K，L を通る平面と 4 点 M，N，
O，P を通る平面で切断して，4 つの立体に切り分けま
す。切り分けてできる 4 つの立体のうち，頂点 G をふく
む立体を X とします。

次の問いに答えなさい。

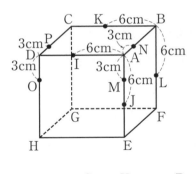

（東京・開成中）

(1) 右の図には，元の立方体と四角形 IJLK と
四角形 MNPO の辺が薄くかかれています。
立体 X の見取図をかきなさい。ただし，見え
ている辺は濃い実線で，見えていない辺は濃
い点線でかき入れなさい。

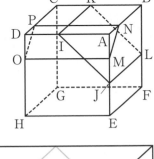

(2) 立体 X の体積を求めなさい。

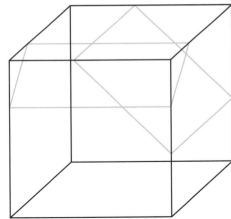

入試傾向 板に光を当てると，影が地面や床に映し出_{うつ}されます。その影の面積を求める問題では，まず影の形を正しく作図すること，次に辺の長さを正しく求めることが必要です。
また，相似比_{そうじひ}と面積比の関係を利用する解法_{かいほう}テクニックも使えるようにしておきましょう。

例題

　図アのように，高さ4mの電灯が地面に垂直_{すいちょく}に立っています。電灯から6mはなれたところに，縦_{たて}1m，横6mの長方形の板を地面に垂直に立てました。地面にできる影の部分を真上から見た様子を図イの方眼紙_{ほうがんし}に斜線_{しゃせん}をつけて示_{しめ}し，その面積が何m²になるかを求めなさい。

図ア

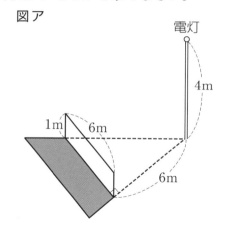

図イ

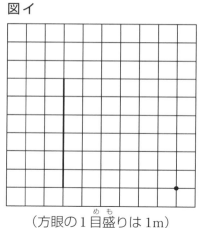

（方眼の1目盛りは1m）

解き方と答え

図1のように，電灯をPEとして，PA，PBを延長_{えんちょう}して地面にぶつかる点を，それぞれQ，Rとします。

図1

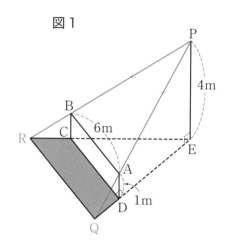

56

まず，図1を**真横から見る**と，図2のように
なります。

三角形 AQD と三角形 PQE は相似より，

$$QD : QE = AD : PE = 1 : 4$$

$$QD : DE = 1 : (4-1) = 1 : 3$$

$$QD = 6 \times \frac{1}{3} = 2 \,(m)$$

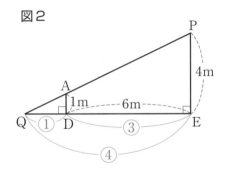

図2

よって，地面にできる影の部分を**真上から見た様
子**を方眼紙に斜線をつけて示すと，図3のよう
になります。

三角形 CDE と三角形 RQE は相似より

$$CD : RQ = ED : EQ = 3 : 4$$

$$RQ = 6 \times \frac{4}{3} = 8 \,(m)$$

したがって，求める面積は

$$(6+8) \times 2 \div 2 = 14 \,(m^2) \quad \cdots 答$$

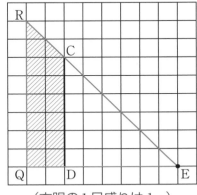

図3

（方眼の1目盛りは1m）

14

板の影

(別解)

実際の入試問題では，方眼紙があたえられていない場合や影の部分のそれぞれの長
さが分数になる場合があります。そのような問題では，次のように**相似比と面積比
の関係を利用**すると速やかに解くことができます。

右の図で，三角形 CDE と三角形 RQE の相似比は
3：4より，面積比は

$$(3 \times 3) : (4 \times 4) = 9 : 16$$

よって，三角形 CDE と台形 RQDC の面積比は

$$9 : (16-9) = 9 : 7$$

となりますから，求める面積は

$$6 \times 6 \div 2 \times \frac{7}{9} = 14 \,(m^2) \quad \cdots 答$$

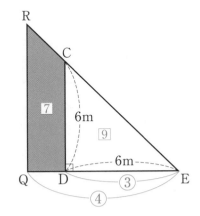

ポイント

① 真横から見た図をかき，電灯と板の高さの比から，地面にできる比を求
める。

② 真上から見た図をかき，①で求めた相似比を利用する。

1 図アのように，高さ 3.5 m の電灯が地面に垂直に立っています。電灯から 3 m はなれたところに，縦 2 m，横 3 m の長方形の板を地面に垂直に立てました。地面にできる影の部分を真上から見た様子を**図イ**の方眼紙に斜線をつけて示し，その面積が何 m² になるかを求めなさい。

図ア

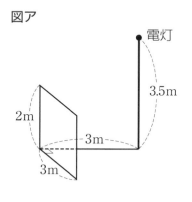

図イ

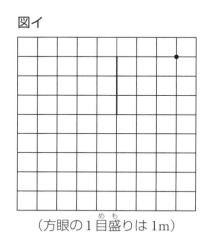

（方眼の 1 目盛りは 1 m）

2 右の図のように，地面に引かれた直線 ℓ 上にある点 P の，真上 40 cm のところに電球が取りつけてあります。高さ 10 cm，幅 20 cm の長方形の板を，図のように直線 ℓ と垂直に地面に立てました。このとき，地面にできた板の影の面積は何 cm² ですか。

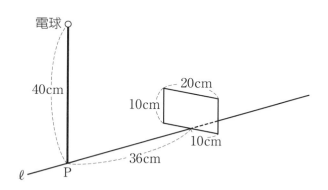

1 図のように，水平な地面の上に
直方体 ABCD－EFGH と，地面に
垂直な柱 PQ があります。点 P の
位置には光源があります。直方体
ABCD－EFGH の色がぬられた面
はかべになっていて光を通しませ

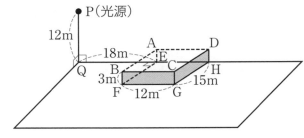

（東京・巣鴨中）

ん，その他の面は光を通します。このとき，次の問いに答えなさい。

ただし，角すいの体積は，（底面積）×（高さ）÷3 で求められます。

(1) 辺 BC の影の長さを求めなさい。

(2) 長方形 CGHD の影の面積を求めなさい。

入試傾向

「立体の切断」同様，「立体の影」も実力差のつきやすい単元であるためか，年々出題校が増えています。にもかかわらず「立体のセンスがないから…」とはじめからあきらめてしまう人がいますが，「真横から見た図」「真上から見た図」など平面図形に落としこんで考えれば，立体のセンスなど不要です。今回の学習を通して，手順とテクニックを身につけて下さい。

例題

図のように，電灯が地面に垂直に立っています。電灯から2mはなれたところに，1辺2mの立方体の箱を地面に置きました。地面にできた影の面積は何m²ですか。

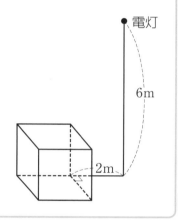

解き方と答え

図1のように，電灯をPQとして，PA，PB，PC，PDを延長して地面にぶつかる点をそれぞれR，S，T，Uとします。**三角形PRQの部分を取り出す**と図2のようになり，三角形AREと三角形PRQは相似より

$$RE : RQ = AE : PQ = 2 : 6 = 1 : 3$$

これより，図3のように，

$$QE : QR = (3-1) : 3 = 2 : 3$$

とわかります。

図1

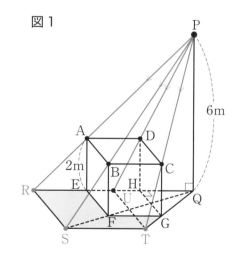

図2 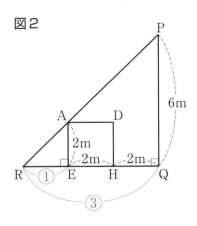 図3

$$\begin{pmatrix} \text{同様にして QF : QS = 2 : 3} \\ \text{QG : QT = 2 : 3 となります。} \end{pmatrix}$$

真上から見た図にこれらの比をかきこむと，図4のようになり，台形 EFGQ と台形 RSTQ の相似比は 2 : 3 ですから，面積比は

$$(2×2):(3×3)＝4:9$$

図4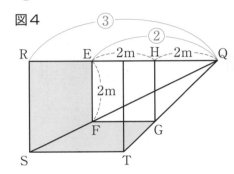

よって，求める面積と台形 EFGQ の面積の比は (9−4) : 4 = 5 : 4 ですから，

$$(4 + 2) × 2 ÷ 2 × \frac{5}{4} = 7.5 \, (\text{m}^2) \quad \cdots 答$$

ポイント

① 電灯と立方体の高さの比から地面にできる比を求める（図ア）。

② ①で求めた比をもとにして真上から見た図をかく（図イ）。

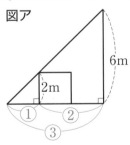 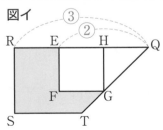

③ 相似比と面積比の関係を利用して，影の面積を求める（図ウ）。

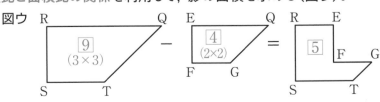

1 図アのように，電灯が地面に垂直に立っています。電灯から1mはなれたところに，1辺2mの立方体の箱を地面に置きました。地面にできる影の部分を真上から見た様子を図イの方眼紙に斜線をつけて示し，その面積が何m²になるかを求めなさい。

図ア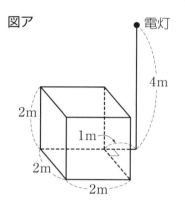

図イ

（方眼の1目盛りは1m）

2 図のように，机の上に，2つの直線OA，OBを直角に交わるように引き，図の位置に1辺8cmの立方体の箱を置きました。点Oの真上24cmのところに豆電球Pをつけ，明かりをつけたときに机の上にできる影の面積は何cm²ですか。

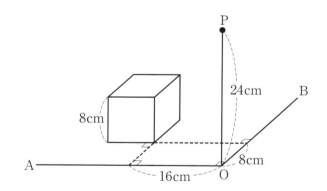

1 図1のように，高さ4mの街灯と，1辺の長さが2mの立方体があります。街灯がつくる立方体の影の面積を考えます。図2は真横から見た図で，図3は真上から見た図です。

（東京・大妻中）

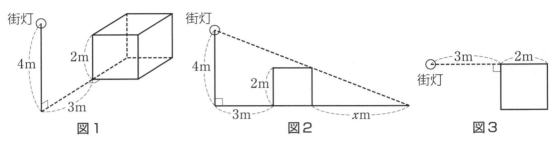

図1　　　　　　　　　　　図2　　　　　　　　　　図3

（1）図2で，x はいくつですか。

（2）街灯がつくる立方体の影の面積は何 m^2 ですか。

15

箱の影

63

■ 著者紹介

粟根秀史（あわね ひでし）

教育研究グループ「エデュケーションフロンティア」代表。大学在学中より塾講師を始め，40 年以上に亘り中学受験の算数を指導。SAPIX 小学部教室長，私立さとえ学園小学校教頭を経て，現在は算数教育の研究に専念する傍ら，教材開発やセミナー・講演を行っている。また，独自の指導法によって数多くの「算数大好き少年・少女」を育て，「算数オリンピック金メダリスト」をはじめとする「算数オリンピックファイナリスト」や灘中，開成中，桜陰中合格者等を輩出している。『中学入試 最高水準問題集 算数』『中学入試 速ワザ算数シリーズ』『中学入試 分野別集中レッスン 算数シリーズ』（いずれも文英堂）等著作多数。

□ 執筆協力　橋本隆祐　山口雄哉

□ 編集協力　㈱エスト出版　田中浩子　山中綾子

□ 本文デザイン　武田紗和（フレーズ）

□ 図版作成　㈲デザインスタジオ エキス.

シグマベスト
**中学入試　新傾向集中レッスン
算数　図形の問題**
[移動・展開図・切断・影]

本書の内容を無断で複写（コピー）・複製・転載することを禁じます。また，私的使用であっても，第三者に依頼して電子的に複製すること（スキャンやデジタル化等）は，著作権法上，認められていません。

© 粟根秀史　2023　　　Printed in Japan

著　者　粟根秀史
発行者　益井英郎
印刷所　中村印刷株式会社
発行所　株式会社文英堂
　　　　〒601-8121　京都市南区上鳥羽大物町28
　　　　〒162-0832　東京都新宿区岩戸町17
　　　　（代表）03-3269-4231

● 落丁・乱丁はおとりかえします。

中学入試

新傾向

集中レッスン

算数 **図形** の問題

移動　　　展開図　　　切断　　　影

解答集

文英堂

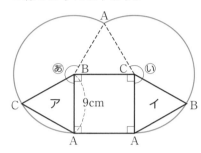

中心角の合計は

$120° \times 4 = 480°$

よって，求める長さは

$3 \times 2 \times 3.14 \times \dfrac{480}{360}$

$= 25.12 \, (\text{cm})$

1 正三角形の転がり移動

練習問題 問題 本冊 6 ページ

1 (1) B が動いたあとの線…解説参照

長さ…**17.27 cm**

(2) B が動いたあとの線…解説参照

長さ…**25.12 cm**

2 (1) **65.94 cm** (2) **28.26 cm**

解き方

1 (1) 下の図の色の線のようになります。

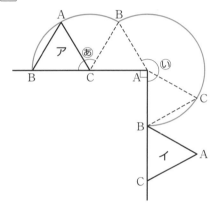

角あ $= 180° - 60° = 120°$

角い $= 360° - (60° + 90°) = 210°$

中心角の合計は

$120° + 210° = 330°$

よって，求める長さは

$3 \times 2 \times 3.14 \times \dfrac{330}{360} = 5.5 \times 3.14 = \mathbf{17.27} \, (\text{cm})$

(2) 下の図の色の線のようになります。

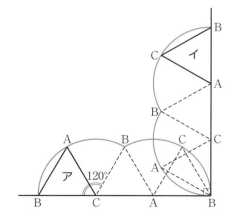

2 (1) 頂点 A が動いたあとの線は，下の図の色の線のようになります。

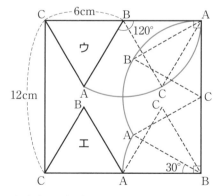

角あ $=$ 角い $= 360° - (60° + 90°) = 210°$

中心角の合計は

$210° \times 2 = 420°$

よって，求める長さは

$9 \times 2 \times 3.14 \times \dfrac{420}{360}$

$= 21 \times 3.14$

$= \mathbf{65.94} \, (\text{cm})$

(2) 頂点 A が動いたあとの線は，下の図の色の線のようになります。

中心角の合計は

$120° \times 2 + 30° = 270°$

よって，求める長さは

$6 \times 2 \times 3.14 \times \dfrac{270}{360}$

$= 9 \times 3.14$

$= \mathbf{28.26} \, (\text{cm})$

1 (1) 解説参照

(2) **188.4 cm**

解き方

1 (1) まず，転がって移動する正三角形の各頂点の位置を確認すると，下の図のようになります。

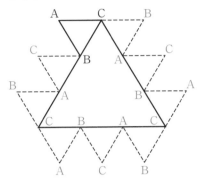

次に，頂点 A が動いたあとの線をかき入れると，下の図の色の線のようになります。

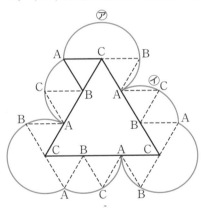

(2) 求めるきょりは弧㋐と弧㋑の和の 3 倍になります。

弧㋐の中心角は　$360° - 60° \times 2 = 240°$

弧㋑の中心角は　$60° \times 2 = 120°$

よって，すべての**中心角の合計**は

$(240° + 120° =)360°$ の 3 倍ですから，求めるきょりは，

$$10 \times 2 \times 3.14 \times 3$$
$$= 60 \times 3.14$$
$$= 188.4 \,(cm)$$

2 正方形の転がり移動

練習問題 ▶問題 本冊 10 ページ

1 D が動いたあとの線…解説参照

　　長さ…**16.014 cm**

2 (1) 解説参照

(2) **91.36 cm²**

解き方

1 下の図の色の実線のようになります。

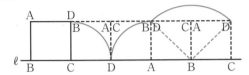

対角線 BD の長さは　$3 \times 1.4 = 4.2$ (cm)

よって，求める長さは

$$3 \times 2 \times 3.14 \times \frac{1}{4} \times 2 + 4.2 \times 2 \times 3.14 \times \frac{1}{4}$$
$$= 5.1 \times 3.14$$
$$= 16.014 \,(cm)$$

2 (1) 下の図の色の実線のようになります。

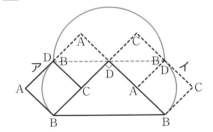

(2) 右の図の正方形 ABCD の面積に着目して

$$\underbrace{\square \times \square \div 2}_{\text{正方形 ABCD の面積}} = 4 \times 4$$

$\square \times \square = 32$

よって，求める面積は

$$4 \times 4 \times 3.14 \times \frac{1}{4} \times 2 + 32 \times 3.14 \times \frac{1}{2}$$
$$+ 4 \times 4 \div 2 \times 2$$
$$= 24 \times 3.14 + 16$$
$$= 91.36 \,(cm²)$$

1 点 P が動いてできる線…解説参照

　面積…8.28 cm²

解き方

1 正方形の P 以外の頂点にも Q, R, S と記号を
打って作図をすると，点 P が動いてできる線
は，下の図の色の線のようになります。

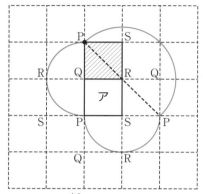

この曲線で囲まれてできる図形は，2 辺の長さ
が 2 cm の直角二等辺三角形と，半径 PR の半
円と半径 1 cm の半円 2 つからできています。

$$\underset{\substack{\uparrow \\ \text{正方形 PQRS の面積}}}{\text{PR} \times \text{PR} \div 2} = \underset{\uparrow}{1 \times 1} \text{ より，PR} \times \text{PR} = 2$$

よって，求める面積は

$$2 \times 2 \div 2 + 2 \times 3.14 \div 2 + 1 \times 1 \times 3.14 \div 2 \times 2$$
$$= 2 + 2 \times 3.14$$
$$= 8.28 \, (\text{cm}^2)$$

---

3 長方形の転がり移動

1 (1) A が動いたあとの線…解説参照

　　長さ…18.84 cm

　　(2) 51.25 cm²

2 A が動いたあとの線…解説参照

　　長さ…28.26 cm

解き方

1 (1) 頂点 A が動いたあとの線は，下の図の色
の実線のようになります。

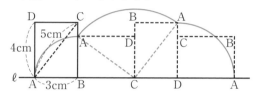

求める長さは

$$3 \times 2 \times 3.14 \times \frac{1}{4} + 5 \times 2 \times 3.14 \times \frac{1}{4}$$
$$+ 4 \times 2 \times 3.14 \times \frac{1}{4}$$
$$= 6 \times 3.14 = 18.84 \, (\text{cm})$$

(2) 求める部分は，下の図で斜線をひいた 3 つの
四分円と 2 つの直角三角形⑦と⑦（組み合わせ
ると長方形 ABCD）になります。

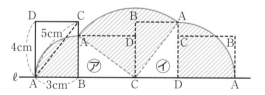

よって，求める面積は

$$3 \times 3 \times 3.14 \times \frac{1}{4} + 5 \times 5 \times 3.14 \times \frac{1}{4}$$
$$+ 4 \times 4 \times 3.14 \times \frac{1}{4} + 4 \times 3$$
$$= 12.5 \times 3.14 + 12$$
$$= 51.25 \, (\text{cm}^2)$$

2 頂点 A が動いたあとの線は，下の図の色の
実線のようになります。

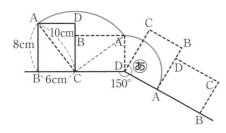

角®＝360°－(150°＋90°)＝120°

よって，求める長さは

$$10 \times 2 \times 3.14 \times \frac{1}{4} + 6 \times 2 \times 3.14 \times \frac{120}{360}$$

$$= 9 \times 3.14 = \textbf{28.26 (cm)}$$

入試問題にチャレンジ 問題 本冊 15 ページ

1 **59.66**

解き方

1 点 P が動いたあとの線は，下の図の色の線の
ようになります。

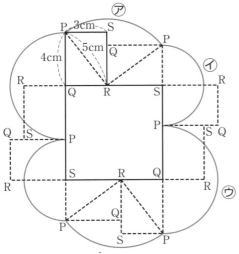

求める長さは，弧⑦，④，⑤の長さの 2 倍に
なります。

弧⑦，④，⑤の長さの和は

$$5 \times 2 \times 3.14 \times \frac{1}{4} + 3 \times 2 \times 3.14 \times \frac{1}{2}$$

$$+ 4 \times 2 \times 3.14 \times \frac{1}{2}$$

$$= 9.5 \times 3.14 \text{ (cm)}$$

よって，求める長さは

$$9.5 \times 3.14 \times 2 = 19 \times 3.14$$

$$= \textbf{59.66 (cm)}$$

4 円の転がり移動①

練習問題 問題 本冊 18 ページ

1 (1) 解説参照

(2) **21.28 cm**

2 (1) 解説参照

(2) **91.7 cm**

解き方

1 (1) 下の図の色の実線のようになります。

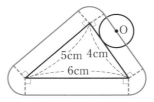

(2) **直線部分の長さの合計**は，

$$4 + 5 + 6 = 15 \text{ (cm)}$$

曲線部分（＝おうぎ形の弧）について，下の図
より**中心角の合計が 360°になる**ことがわかり
ます。

④と⑤を平行移動して⑦にくっつける

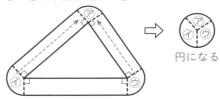

円になる

よって，**曲線部分の長さの合計**は

$$1 \times 2 \times 3.14 = 6.28 \text{ (cm)}$$

したがって，求める長さは

$$15 + 6.28 = \textbf{21.28 (cm)}$$

2 (1) 下の図の色の実線のようになります。

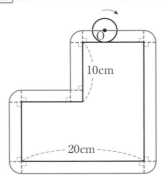

(2) **直線部分の長さの合計**は

$$20 \times 2 + 10 \times 2 + (10 - 2) \times 2 = 76 \,(\text{cm})$$

曲線部分の長さの合計は

$$2 \times 2 \times 3.14 \times \frac{1}{4} \times 5 = 15.7 \,(\text{cm})$$

したがって，求める長さは

$$76 + 15.7 = \textbf{91.7}\,(\textbf{cm})$$

入試問題にチャレンジ 　問題▶本冊 19 ページ

1 (1) 解説参照 　　(2) **27.7 cm**

解き方

1 (1) 円がかどの BCD の部分にはまったときに注意します。下の図の三角形 OBD は **1 辺の長さが 6 cm の正三角形**になります。

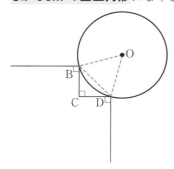

よって，中心 O が移動する道のりは，下の図の色の実線のようになります。

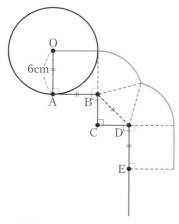

(2) 曲線部分（おうぎ形の弧）の**中心角の合計**は

$$(180° - 60° - 45°) \times 2 = 150°$$

よって，求める長さは

$$6 \times 2 \times 3.14 \times \frac{150}{360} + 6 \times 2 = 5 \times 3.14 + 12$$
$$= 27.7\,(\text{cm})$$

練習問題 　問題▶本冊 22 ページ

1 (1) 解説参照

　(2) **30.84 cm**

2 (1) 解説参照

　(2) **77.94 cm**

解き方

1 (1) 下の図の色の実線のようになります。

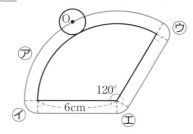

(2) (1)の図で

弧⑦は，半径が $(6 + 1 =)\,7\,\text{cm}$ で中心角が $120°$ のおうぎ形の弧

弧⑦，⑦は，ともに半径 1 cm の四分円の弧

弧⑦は，半径が 1 cm で，中心角が

$(360° - 90° \times 2 - 120° =)\,60°$ の弧

弧⑦，⑦，⑦の**中心角の合計**は

$$90° \times 2 + 60° = 240°$$

よって，求める長さは

$$7 \times 2 \times 3.14 \times \frac{120}{360} + 1 \times 2 \times 3.14 \times \frac{240}{360} + 6 \times 2$$
$$= 6 \times 3.14 + 12 = 30.84\,(\text{cm})$$

2 (1) 下の図の色の実線のようになります。

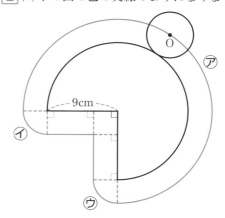

(2) (1)の図で

弧㋐は，半径が(9＋3＝)12cm で，

中心角が(360°－90°＝)270°のおうぎ形の弧

弧㋑，㋒は，ともに半径3cm の四分円の弧(中

心角の合計は180°)

よって，求める長さは

$$12 \times 2 \times 3.14 \times \frac{270}{360} + 3 \times 2 \times 3.14 \times \frac{180}{360}$$

$$+ (9 - 3) \times 2$$

$$= 21 \times 3.14 + 12$$

$$= \mathbf{77.94}\,(\mathbf{cm})$$

入試問題にチャレンジ 　問題▶本冊 23 ページ

1 **71.83 cm**

解き方

1 中心 P が通ってできる線は，下の図の色の実

線のようになります。

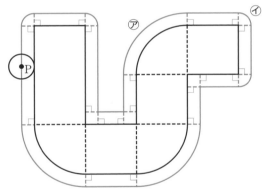

直線部分の長さの合計は

$$4 \times 4 + 8 + (8 - 1) + (4 - 1) \times 3$$

$$+ (4 - 1 \times 2) = 42\,(\text{cm})$$

曲線部分の長さの合計は，弧㋐が3つ分と弧

㋑が4つ分になりますから，

$$(4 + 1) \times 2 \times 3.14 \times \frac{1}{4} \times 3$$

$$+ 1 \times 2 \times 3.14 \times \frac{1}{4} \times 4$$

$$= 9.5 \times 3.14$$

$$= 29.83\,(\text{cm})$$

よって，求める長さは

$$42 + 29.83 = \mathbf{71.83}\,(\mathbf{cm})$$

---

6 **おうぎ形の転がり移動**

練習問題 　問題▶本冊 26 ページ

1 (1) 解説参照

(2) **25.12 cm**

2 (1) 解説参照

(2) **47.1 cm**

解き方

1 (1) 下の図の色の線のようになります。

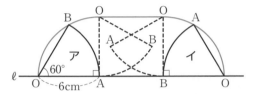

(2) 曲線部分は，半径 6cm の四分円の弧2つ分，

直線部分はおうぎ形の弧 AB と等しい長さにな

ります。

中心角の合計は

$$90° \times 2 + 60° = 240°$$

よって，求める長さは

$$6 \times 2 \times 3.14 \times \frac{240}{360} = 8 \times 3.14$$

$$= 25.12\,(\text{cm})$$

2 (1) 下の図の色の線のようになります。

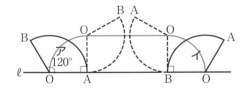

(2) 曲線部分は，半径 9cm の四分円の弧2つ分，

直線部分は，おうぎ形 OAB の弧 AB と等しい

長さになります。

中心角の合計は

$$90° \times 2 + 120° = 300°$$

よって，求める長さは

$$9 \times 2 \times 3.14 \times \frac{300}{360} = 15 \times 3.14$$

$$= 47.1\,(\text{cm})$$

1 (1) **38.13 cm²**

(2) **25.12 cm**

解き方

1 (1) $4 \times 6 + 3 \times 3 \times 3.14 \times \dfrac{1}{2} = 24 + 4.5 \times 3.14$

$$= 38.13 \, (\text{cm}^2)$$

(2) 中心 O が動いたあとの線は，下の図の色の線のようになります。

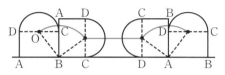

曲線部分は，半径 5 cm の四分円が 2 つ分，**直線部分は図形 P の半円部分の弧と等しい長さ**になります。

よって，求める長さは

$$5 \times 2 \times 3.14 \times \dfrac{1}{4} \times 2 + 6 \times 3.14 \times \dfrac{1}{2}$$

$$= 8 \times 3.14$$

$$= 25.12 \, (\text{cm})$$

---

7 図形の回転移動①

練習問題 　問題▶本冊 30 ページ

1 (1) 解説参照

(2) **169.56 cm²**

2 (1) 解説参照

(2) **251.2 cm²**

解き方

1 (1) 下の図のようになります。

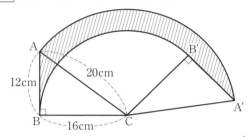

(2) 下の図のように㋐の部分を㋑の部分に移すと斜線部分の面積は 2 つのおうぎ形 CAA′ と CDD′ の面積の差に等しいことがわかります。

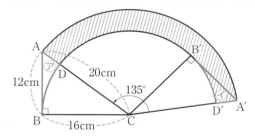

よって，求める面積は

$$20 \times 20 \times 3.14 \times \dfrac{135}{360} - 16 \times 16 \times 3.14 \times \dfrac{135}{360}$$

$$= (150 - 96) \times 3.14$$

$$= 169.56 \, (\text{cm}^2)$$

2 (1) 右の図のようになります。

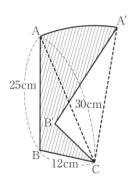

(2) **図形式をかくと下の図のようになります。**

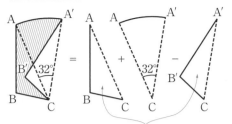

合同な三角形なので面積は同じ

よって，斜線部分の面積はおうぎ形 ACA′ の
面積に等しくなりますから，

$$30 \times 30 \times 3.14 \times \frac{32}{360} = 80 \times 3.14$$
$$= 251.2 \, (\text{cm}^2)$$

入試問題にチャレンジ　問題 本冊 31 ページ

1 (1) 解説参照

　　(2) **150.72 cm²**

解き方

1 (1) 下の図のようになります。

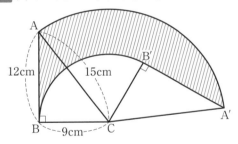

(2) 下の図のように㋐の部分を㋑の部分に移す
と斜線部分の面積は2つのおうぎ形 ACA′ と
DCD′ の面積の差に等しいことがわかります。

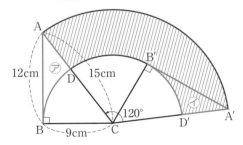

よって，求める面積は

$$15 \times 15 \times 3.14 \times \frac{120}{360} - 9 \times 9 \times 3.14 \times \frac{120}{360}$$

$$= (75 - 27) \times 3.14 = \mathbf{150.72} \, (\text{cm}^2)$$

---

8 図形の回転移動②

練習問題　問題 本冊 34 ページ

1 (1) 解説参照

　　(2) **113.04 cm²**

2 (1) 解説参照

　　(2) **135.24 cm²**

解き方

1 (1) 右の図のよう
になります。

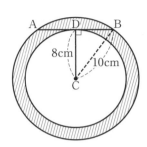

(2) $10 \times 10 \times 3.14 - 8 \times 8 \times 3.14 = 36 \times 3.14$
$$= 113.04 \, (\text{cm}^2)$$

2 (1) 下の図のようになります。

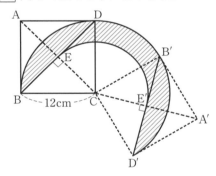

(2) **図形式をかくと下のようになります。**

斜線部分

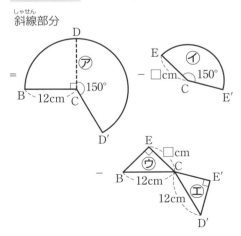

おうぎ形⑦の中心角は　$90° + 150° = 240°$

より，おうぎ形⑦の面積は

$$12 \times 12 \times 3.14 \times \frac{240}{360} = 96 \times 3.14 \, (\text{cm}^2)$$

⑦＋⊆の面積は，右の図より

$$12 \times 12 \div 2 = 72 \, (\text{cm}^2)$$

おうぎ形④の面積は

$$\square \times \square \times 3.14 \times \frac{150}{360}$$

$$= 72 \times 3.14 \times \frac{5}{12}$$

$$= 30 \times 3.14 \, (\text{cm}^2)$$

よって，斜線部分の面積は

$$96 \times 3.14 - 30 \times 3.14 - 72$$

$$= \mathbf{135.24} \, (\text{cm}^2)$$

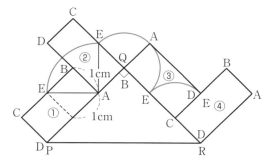

1辺□cmの
正方形

入試問題にチャレンジ 問題 **本冊 35 ページ**

1 (1) **解説参照**

(2) **1.57 cm²**

(3) **1.07 cm²**

解き方

1 (1) 下の図の色の線のようになります。

(2) AE は 1 辺の長さが 1cm の正方形の対角線ですから

$$\text{AE} \times \text{AE} \div 2 = 1 \times 1 \quad \rightarrow \quad \text{AE} \times \text{AE} = 2$$

①から②に移動するとき，AE が通ってできる図形は，半径の長さが AE の四分円になります。

よって，求める面積は

$$\text{AE} \times \text{AE} \times 3.14 \times \frac{1}{4} = 2 \times 3.14 \times \frac{1}{4}$$

$$= \mathbf{1.57} \, (\text{cm}^2)$$

(3) 求める面積は，下の図の斜線部分です。

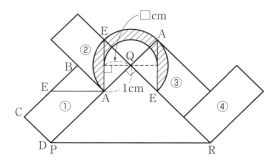

図形式をかくと，次のようになります。

斜線部分

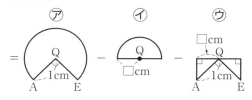

おうぎ形⑦の中心角は $360° - 90° = 270°$ より，

面積は，$1 \times 1 \times 3.14 \times \dfrac{270}{360} = \dfrac{3}{4} \times 3.14 \, (\text{cm}^2)$

図形⑦は 2 つの直角二等辺三角形を合わせると，

1辺□cm の正方形になり，その対角線が 1cm

ですから，面積は

$$\square \times \square = 1 \times 1 \div 2 = \frac{1}{2} \, (\text{cm}^2)$$

半円④の面積は

$$\square \times \square \times 3.14 \times \frac{1}{2} = \frac{1}{2} \times 3.14 \times \frac{1}{2}$$

$$= \frac{1}{4} \times 3.14 \, (\text{cm}^2)$$

したがって，斜線部分の面積は

$$\frac{3}{4} \times 3.14 - \frac{1}{4} \times 3.14 - \frac{1}{2}$$

$$= \frac{1}{2} \times 3.14 - \frac{1}{2}$$

$$= \mathbf{1.07} \, (\text{cm}^2)$$

⑨ 展開図から見取図へ①

練習問題 問題▶本冊 38 ページ

1 見取図…解説参照

体積…384 cm³

2 見取図…解説参照

体積…198 cm³

解き方

1 見取図は右の図のようになります。

直方体をななめに切断し，2 等分した立体になりますから，その体積は

$$8 \times 8 \times 12 \div 2 = 384 \, (\text{cm}^3)$$

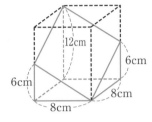

2 見取図は右の図のようになります。

立方体から三角すいを 2 つ切り落としたものになりますから，その体積は

$$6 \times 6 \times 6 - 3 \times 3 \div 2 \times 6 \times \frac{1}{3} \times 2$$

$$= 198 \, (\text{cm}^3)$$

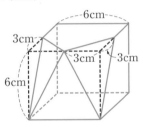

入試問題にチャレンジ 問題▶本冊 39 ページ

1 144 cm³

解き方

1 見取図は右の図のようになります。

立方体から三角すいを 2 つ切り落とした立体になりますから，その体積は

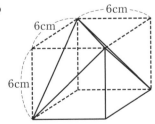

$$6 \times 6 \times 6 - 6 \times 6 \div 2 \times 6 \times \frac{1}{3} \times 2 = 144 \, (\text{cm}^3)$$

⑩ 展開図から見取図へ②

練習問題 問題▶本冊 42 ページ

1 441 cm³

2 38 cm³

解き方

1 展開図を組み立てると，右の図のような三角すい台 ABC－DEF ができます。

三角すい P－ABC と三角すい P－DEF は相似で，相似比は

　CB：FE＝9：15＝3：5

ですから，体積比は

(3×3×3)：(5×5×5)＝27：125

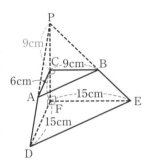

また，PC $= 6 \times \dfrac{3}{5-3} = 9 \, (\text{cm})$

ですから，求める体積は，

$$9 \times 9 \div 2 \times 9 \times \frac{1}{3} \times \frac{125 - 27}{27} = 441 \, (\text{cm}^3)$$

2 展開図を組み立てると，右の図のような四角すい台 ABCD－EFGH ができます。

四角すい P－ABCD と四角すい P－EFGH は相似で，相似比は

　BC：FG＝4：6＝2：3

ですから，体積比は

(2×2×2)：(3×3×3)＝8：27

また, $PC = 3 \times \dfrac{2}{3-2} = 6\,(\text{cm})$

ですから, 求める体積は,

$$2 \times 4 \times 6 \times \dfrac{1}{3} \times \dfrac{27-8}{8}$$

$$= 38\,(\text{cm}^3)$$

入試問題にチャレンジ　問題▶本冊 43 ページ

1 $49\dfrac{1}{3}\,\text{cm}^3 \left(\dfrac{148}{3}\,\text{cm}^3\ \text{も可}\right)$

解き方

1 展開図を組
み立てると,
右の図のよう
な三角すい台
ABC－DEF
ができます。

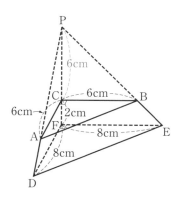

三角すい P－ABC と三角すい P－DEF は相似
で, 相似比は

　　CB : FE = 6 : 8 = 3 : 4

ですから, 体積比は

　　(3×3×3) : (4×4×4) = 27 : 64

また, $PC = 2 \times \dfrac{3}{4-3} = 6\,(\text{cm})$

ですから, 求める体積は,

$$6 \times 6 \div 2 \times 6 \times \dfrac{1}{3} \times \dfrac{64-27}{27} = \dfrac{148}{3}$$

$$= 49\dfrac{1}{3}\,(\text{cm}^3)$$

---

11 立方体の切断①

練習問題　問題▶本冊 46 ページ

1 切り口…解説参照
　(1) 正三角形　　(2) 正方形
　(3) 長方形　　　(4) 長方形
　(5) ひし形　　　(6) 平行四辺形

2 切り口の名前…五角形
　ES の長さ…**3 cm**

解き方

1 (1) 切り口は図1
の色の線のように
なり, 正三角形で
す。

図1
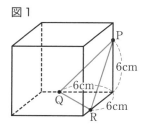

(2) 切り口は図2の
色の線のようにな
り, 正方形です。

図2
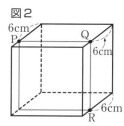

(3) 切り口は図3の
色の線のようにな
り, 長方形です。

図3
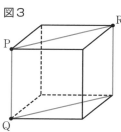

(4) 切り口は図4の色
の線のようになり,
長方形です。

((3)の図3と向きが
異なるだけで切り
口の形は同じです)

図4
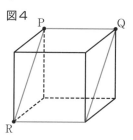

(5) まず，**同じ面上にある2点を結ぶ**と，図5のようになります。

図5

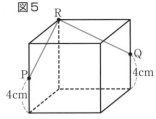

次に，**Pを通ってRQに平行な直線PSを引く**と，図6のようになります。

図6

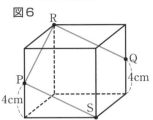

最後にSQを結ぶと，切り口は図7の色の線のようになりひし形です。

図7

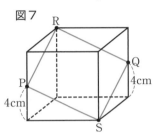

(6) まず，**同じ面上にある2点を結ぶ**と，図8のようになります。

次に，**Rを通ってPQに平行な直線RSを引く**と，図9のようになります。

図8

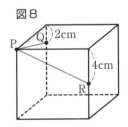

図9

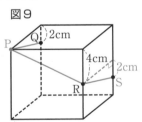

最後にQSを結ぶと，切り口は図10の色の線のようになり**平行四辺形**です。

図10

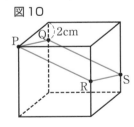

---

2 まず，図1のようにPRを結び，**PQの延長線とHEの延長線の交点をI**とします。

図1

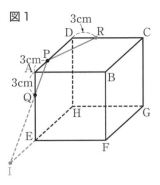

次に，図2のように**Iを通ってPRに平行な直線を引き**，辺EF，HGとの交点をそれぞれS，Tとします。

図2

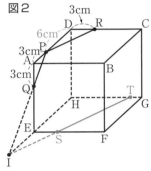

最後に，図3のようにQとS，RとTを結ぶと，切り口は**五角形**になります。

図3

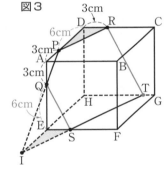

$$PA : IE$$
$$= AQ : EQ$$
$$= 3 : 6$$
$$= 1 : 2 \text{ より}$$
$$IE = 3 \times 2 = 6 \text{ (cm)}$$

直角三角形ISEと直角三角形PRDは相似ですから

$$IE : ES = PD : DR = 6 : 3 = 2 : 1 \text{ より}$$
$$ES = 6 \times \frac{1}{2} = 3 \text{ (cm)}$$

1 2, 9

解き方

1 まず，図1のよう
に，**PQ の延長線**
と EF の延長線と
の交点を I とします。

図1

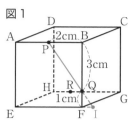

$$PB = 4 \times \frac{1}{2} = 2 \text{(cm)}$$

$$BQ = 4 \times \frac{3}{4} = 3 \text{(cm)}$$

$$QF = 4 - 3 = 1 \text{(cm)}$$

図2の色のついた
部分に着目して，

図2

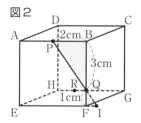

$$BP : FI$$
$$= BQ : FQ$$
$$= 3 : 1$$

よって

$$FI = 2 \times \frac{1}{3} = \frac{2}{3} \text{(cm)}$$

次に，図3のよう
に R と I を結ぶと
RI と GF の交点が
S となります。

図3

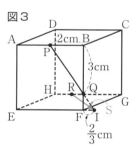

$$RG = 4 \times \frac{3}{4}$$
$$= 3 \text{(cm)}$$

面 HEFG を取り出す
と，図4のようにな
りますから

図4

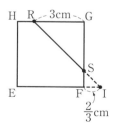

$$FS : SG$$
$$= FI : RG$$
$$= \frac{2}{3} : 3$$
$$= 2 : 9$$

---

12 立方体の切断②

1 $41\frac{1}{3} \text{cm}^3 \left(\frac{124}{3} \text{cm}^3 \text{ も可}\right)$

2 660cm^3

解き方

1 まず，**PR の延長線**と，**EA, EH の延長線**
との交点をそれぞれ I, J とします。

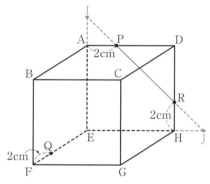

次に，Q と I，Q と J をそれぞれ結び，QI と
AB の交点を K，QJ と GH の交点を L とする
と，**切り口は五角形 PKQLR になります。**

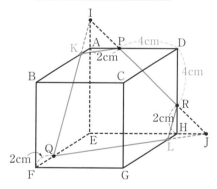

$IA : RD = AP : DP = 2 : 4 = 1 : 2$ より

$$IA = 4 \times \frac{1}{2} = 2 \text{(cm)}$$

$AK : EQ = IA : IE = 2 : 8 = 1 : 4$ より

$$AK = 4 \times \frac{1}{4} = 1 \text{(cm)}$$

三角すい I−AKP と三角すい R−HLJ は合同。
三角すい I−AKP と三角すい I−EQJ の相似比
は1：4より，体積比は

$$(1 \times 1 \times 1):(4 \times 4 \times 4)=1:64$$

よって，求める立体の体積は，

三角すい I−AKP の体積の

$$64-1 \times 2 = 62 \, (倍)$$

とわかりますから

$$1 \times 2 \div 2 \times 2 \times \frac{1}{3} \times 62 = \frac{124}{3} = 41\frac{1}{3} \, (cm^3)$$

2 まず，**AQ の延長線**と **EH の延長線**との交点を I とします。

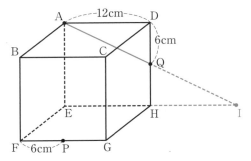

次に，P と I を結び，GH との交点を J とし，**IP の延長線**と **EF の延長線**との交点を K とします。

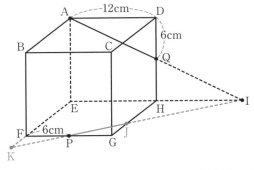

最後に，A と K を結び，BF との交点を L とすると，切り口は五角形 ALPJQ になります。

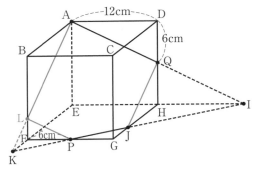

直角三角形 LFP と直角三角形 QDA は相似ですから，LF：FP＝QD：DA＝1：2 より

$$LF = 6 \times \frac{1}{2} = 3 \, (cm)$$

BA：FK＝BL：FL＝(12−3)：3＝3：1 より

$$FK = 12 \times \frac{1}{3} = 4 \, (cm)$$

三角すい L−FKP と三角すい Q−HJI と三角すい A−EKI の相似比は

$$LF：QH：AE＝3：6：12＝1：2：4$$

より，体積比は

$$(1 \times 1 \times 1):(2 \times 2 \times 2):(4 \times 4 \times 4)$$
$$=1:8:64$$

よって，求める立体の体積は，

三角すい L−FKP の体積の

$$64-(1+8)=55 \, (倍)$$

とわかりますから

$$6 \times 4 \div 2 \times 3 \times \frac{1}{3} \times 55 = 660 \, (cm^3)$$

入試問題にチャレンジ 問題 **本冊 51 ページ**

1 (1) **五角形**

(2) **2 cm**

(3) **141 cm³**

解き方

1 (1) まず，PQ の延長線と，BA，BC の延長線との交点をそれぞれ I，J とします。

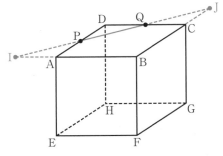

次に，I と F，J と F をそれぞれ結び，IF と AE の交点を R，JF と CG の交点を S とすると，切り口は**五角形 PRFSQ** になります。

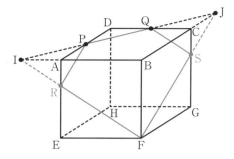

(2) 上の図で，

IA : QD = AP : DP = 1 : 1 より

 IA = DQ = 3cm

AR : ER = IA : FE = 3 : 6 = 1 : 2 より

 $AR = 6 \times \dfrac{1}{1+2} = 2$ (cm)

(3) **立方体の体積から，点 B をふくむ方の立体の体積をひいて求めます。**

点 B をふくむ方の立体は，三角すい F−IBJ から，2 つの合同な三角すい R−IAP，S−QCJ を取りのぞいたものになります。

三角すい R−IAP と三角すい F−IBJ の相似比は，AR : BF = 2 : 6 = 1 : 3

体積比は，**(1×1×1) : (3×3×3)＝1 : 27**

よって，点 B をふくむ方の立体の体積は，三角すい R−IAP の体積の

 27 − 1 × 2 = 25（倍）

になりますから

 $3 \times 3 \div 2 \times 2 \times \dfrac{1}{3} \times 25 = 75$ (cm³)

したがって，点 B をふくまない方の立体の体積は

 6 × 6 × 6 − 75 = 141 (cm³)

⑬ 立方体の切断（せつだん）③

練習問題 **問題▶** 本冊 54 ページ

1 (1) 解説参照

 (2) 18 cm³

2 (1) 解説参照

 (2) 342 cm³

解き方

1 (1) 立方体の表面上で，**2 つの切り口の共通な 2 点**は下の**図1**の○の部分になり，これを結ぶと立体 X の形がわかります。見取図は下の**図2**の色の線のようになります。

図1   図2

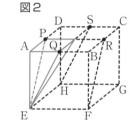

(2) 立体 X は，底面が 1 辺 3 cm の正方形で，高さが 6 cm の四角すいになりますから，その体積は

 $3 \times 3 \times 6 \times \dfrac{1}{3} = 18$ (cm³)

2 (1) 立方体の表面上で，**2 つの切り口の共通な 2 点**は下の**図1**の○の部分になり，これを結ぶと立体 X の形がわかります。見取図は下の**図2**の色の線のようになります。

図1   図2

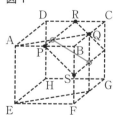 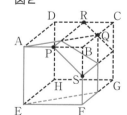

(2) 立体 X は，**図3**において，三角柱 ABQ−EFT から，立体 QUV−BPS を取りのぞいた立体になります。

図3

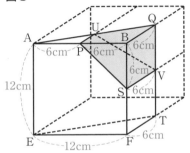

三角柱 ABQ−EFT の体積は

$$12 \times 6 \div 2 \times 12 = 432 \, (\text{cm}^3)$$

三角形の相似より

$$\text{UP} : \text{QB} = \text{AP} : \text{AB} = 1 : 2$$

$$\text{UP} = 6 \times \frac{1}{2} = 3 \, (\text{cm})$$

立体 QUV−BPS は，三角柱をななめに切断した立体ですから，本冊の 53 ページ重要公式 より，その体積は

$$6 \times 6 \div 2 \times \frac{3+6+6}{3} = 90 \, (\text{cm}^3)$$

したがって，求める体積は

$$432 - 90 = \mathbf{342} \, (\text{cm}^3)$$

入試問題にチャレンジ　問題 **本冊 55 ページ**

1 (1) **解説参照**

　　(2) **797.5 cm³**

解き方

1 (1) 立方体の表面上で，**2 つの切り口の共通な 2 点**は図1の○の部分になり，これを結ぶと立体 X の形がわかります。見取図は図2の色の線のようになります。

図1　　　　　　　　図2

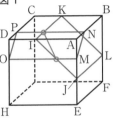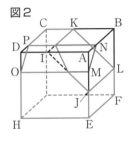

(2) 立体 X は，図3において，**もとの立方体 ABCD−EFGH から三角柱 AIJ−BKL と立体 QIR−PDO を取りのぞいた立体**になります。

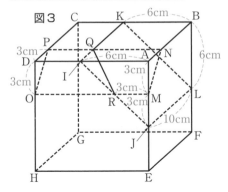

図3

立方体 ABCD−EFGH の体積は

$$10 \times 10 \times 10 = 1000 \, (\text{cm}^3)$$

三角柱 AIJ−BKL の体積は

$$6 \times 6 \div 2 \times 10 = 180 \, (\text{cm}^3)$$

$$\text{IA} : \text{RM} = \text{AJ} : \text{MJ} = 6 : 3 = 2 : 1 \, \text{より，}$$

$$\text{RM} = 6 \times \frac{1}{2} = 3 \, (\text{cm})$$

よって，OR = 10 − 3 = 7 (cm)

また，DI = PQ = 10 − 6 = 4 (cm)

よって，立体 QIR−PDO の体積は，本冊の 53 ページ重要公式 より，

$$3 \times 3 \div 2 \times \frac{4+4+7}{3} = 22.5 \, (\text{cm}^3)$$

したがって，立体 X の体積は

$$1000 - (180 + 22.5) = \mathbf{797.5} \, (\text{cm}^3)$$

14 板の影

練習問題 問題 **本冊 58 ページ**

1 真上から見た様子…解説参照
　　面積…20 m²

2 280 cm²

解き方

1 図1のように，PA，PB を延長して，地面に
ぶつかる点をそれぞれ Q，R とします。地面
にできる影の部分は台形 CRQD になります。

図1

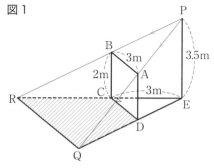

図1を**真横から見る**と，図2のようになります。

図2

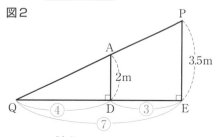

三角形の相似より

$$QD : QE = AD : PE = 2 : 3.5 = 4 : 7$$

$$QD : DE = 4 : (7-4) = 4 : 3$$

$$QD = 3 \times \frac{4}{3} = 4 \,(m)$$

よって，地面に
できる影の部分
を**真上から見た
様子**を方眼紙に
斜線をつけて示
すと，図3の
ようになります。

図3

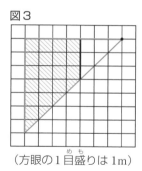

（方眼の1目盛りは1m）

斜線部分の面積は

$$(3+7) \times 4 \div 2 = 20 \,(m^2)$$

2 図1のように，QA，QB を延長して，地面
にぶつかる点をそれぞれ R，S とします。地面
にできる影の部分は台形 CDRS になります。

図1

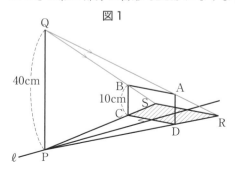

図1を**真横から見る**と，図2のようになります。

図2

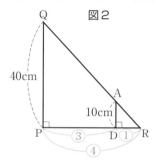

三角形の相似より

$$PR : DR = QP : AD = 40 : 10 = 4 : 1$$

$$PD : DR = (4-1) : 1 = 3 : 1$$

図1を**真上から見る**と，図3のようになります。

図3

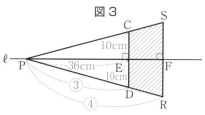

三角形 PDC と三角形 PRS の相似比は 3：4 よ
り，面積比は

(3×3)：(4×4)＝9：16

よって，求める面積は

$$20 \times 36 \div 2 \times \frac{16-9}{9} = 280 \,(cm^2)$$

1 (1) **16 m**

(2) **175 m²**

解き方

1 図1のように，PB，PC を延長して，地面に
ぶつかる点をそれぞれ R，S とします。

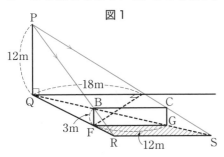

図1 を**真横から見ると**，図2のようになります。

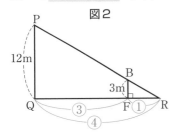

QR : FR = PQ : BF = 12 : 3 = 4 : 1

QF : FR = (4−1) : 1 = 3 : 1

図1 を**真上から見ると**，図3のようになります。

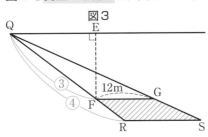

FG : RS = QF : QR = 3 : 4

よって，求める長さは

$$RS = 12 \times \frac{4}{3} = 16\,(m)$$

(2) 図4のように，PC，PD を延長して，地面に
ぶつかる点をそれぞれ S，T とします。

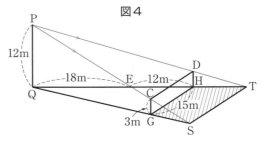

図3より

QG : GS = QF : FR = 3 : 1 とわかります。

図4を真上から見ると，図5のようになります。

同様にして， QH : HT = 3 : 1

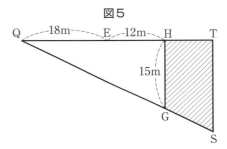

三角形 QGH と三角形 QST の相似比は 3 : 4 よ
り，面積比は

(3×3) : (4×4) ＝ 9 : 16

したがって，求める面積は

$$15 \times 30 \div 2 \times \frac{16-9}{9} = 175\,(m^2)$$

15 箱の影

練習問題 **問題** 本冊 62 ページ

1 真上から見た様子…解説参照
面積…15m²

2 200 cm²

解き方

1 図1のように，電灯の位置を P として，PA，PB，PC，PD を延長して地面にぶつかる点をそれぞれ R，S，T，U とします。

図1

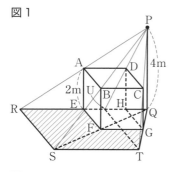

図1の**三角形 PRQ の部分を取り出す**と，図2のようになります。

図2

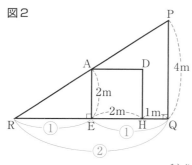

三角形 ARE と三角形 PRQ は相似より
RE：RQ＝AE：PQ＝2：4＝1：2
QE：QR＝(2−1)：2＝1：2
(同様にして，QF：QS＝1：2)
(QG：QT＝1：2)

よって，地面にできる影の部分を**真上から見た様子**を方眼紙に斜線をつけて示すと，図3のようになります。

図3

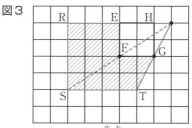

（方眼の1目盛りは1m）

図3で，台形 EFGQ と台形 RSTQ の相似比は1：2ですから，面積比は

(1×1)：(2×2)＝1：4

よって，斜線部分の面積は

$(3＋2)×2÷2×\dfrac{4－1}{1}＝15\,(\text{m}^2)$

2 図1において，
QE：QO＝DE：PO＝8：24＝1：3

図1

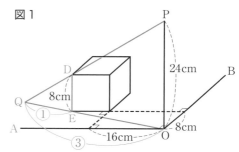

OE：OQ＝(3−1)：3＝2：3

となりますから，机の上にできる影を**真上から見た図をかく**と，図2のようになります。

図2

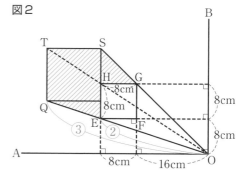

図2で，四角形 HEOG と四角形 TQOS の相似比は2：3ですから，面積比は

(2×2)：(3×3)＝4：9

四角形 HEOG ＝ 三角形 HEO ＋ 三角形 GHO
＝8×(8＋16)÷2＋8×(8＋8)÷2
＝160 (cm²)

したがって，求める面積は

$$160 \times \frac{9-4}{4} = 200\,(\text{cm}^2)$$

入試問題にチャレンジ　問題 **本冊 63 ページ**

1 (1) **5**
　　(2) **21 m²**

解き方

1 (1) 下の図で

　　　QC：BC＝PQ：AB＝4：2＝2：1

　　　QB：BC＝(2−1)：1＝1：1

よって，$x = 3 + 2 = 5\,(\text{m})$

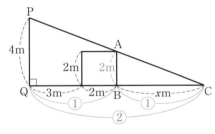

(2) (1) で求めた比をもとにして，**真上から見た図をかく**と，次の図のようになります。

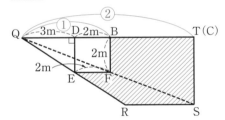

台形 QEFB と台形 QRST の相似比は 1：2 ですから，面積比は

　　(1×1)：(2×2)＝1：4

したがって，求める面積は

$$(5+2) \times 2 \div 2 \times \frac{4-1}{1} = 21\,(\text{m}^2)$$